Sunithakumari Minialphonse
Anisha Manju Amuthalekha
Rekha Beularani

Edição genética, terapia celular e genética: Desbloqueando o futuro da medicina

AF671530

Sunithakumari Minialphonse
Anisha Manju Amuthalekha
Rekha Beularani

Edição genética, terapia celular e genética: Desbloqueando o futuro da medicina

Princípios básicos da edição de genes

ScienciaScripts

Imprint

Cover image: www.ingimage.com

This book is a translation from the original published under ISBN 978-620-8-11652-1.

Publisher:
Sciencia Scripts
is a trademark of
Dodo Books Indian Ocean Ltd. and OmniScriptum S.R.L publishing group

120 High Road, East Finchley, London, N2 9ED, United Kingdom
Str. Armeneasca 28/1, office 1, Chisinau MD-2012, Republic of Moldova, Europe
Printed at: see last page
ISBN: 978-620-8-16464-5

Índice

CAPÍTULO 1: EDIÇÃO DE GENES: MECANISMOS E TÉCNICAS

A edição do genoma, ou edição de genes, é um tipo de engenharia genética em que o ADN é inserido, apagado, modificado ou substituído no genoma de um organismo vivo. A edição do genoma visa as inserções em locais específicos. O mecanismo básico envolvido nas manipulações genéticas através de nucleases programáveis é o reconhecimento de loci genómicos alvo e a ligação do domínio de ligação ao ADN efector (DBD), quebras de cadeia dupla (DSBs) no ADN alvo pelas endonucleases de restrição e a reparação de DSBs através de recombinação dirigida por homologia ou junção de extremidades não homólogas.

1. HISTÓRIA

A edição do genoma foi pioneira na década de 1990, antes do advento das actuais plataformas comuns de edição de genes baseadas em nucleases, mas a sua utilização foi limitada pela baixa eficiência da edição. A edição do genoma era possível com nucleases artificiais das três principais classes destas enzimas - nucleases de dedo de zinco (ZFNs), nucleases efectoras do tipo ativador de transcrição (TALENs) e meganucleases artificiais. A partir de 2015, foram utilizadas quatro famílias de nucleases modificadas: meganucleases, nucleases de dedo de zinco (ZFNs), nucleases baseadas em efectores semelhantes a activadores de transcrição (TALEN) e o sistema de repetições palindrómicas curtas agrupadas regularmente espaçadas (CRISPR/Cas9). Nove editores de genoma estavam disponíveis em 2017. Em 2018, os métodos comuns para essa edição utilizavam nucleases modificadas, ou "tesouras moleculares". Estas nucleases criam quebras de cadeia dupla (DSBs) específicas do local em locais desejados no genoma. As quebras de cadeia dupla induzidas são reparadas através da junção de extremidades não-homólogas (NHEJ) ou da recombinação homóloga (HR), resultando em mutações específicas.

Em maio de 2019, o cientista chinês He Jiankui dos primeiros seres humanos geneticamente modificados, a elaboração de regulamentos que prevêem que qualquer pessoa que manipule o genoma humano através de técnicas de edição de genes, como o CRISPR, será responsabilizada por quaisquer consequências adversas relacionadas. O Instituto Roslin da Universidade de Edimburgo criou porcos resistentes a um vírus que causa a síndrome reprodutiva e respiratória dos suínos. Em fevereiro de 2020, um ensaio nos EUA demonstrou a segurança da edição genética CRISPR em 3 doentes com cancro. Em 2020, o Sicilian Rouge High GABA, um tomate que produz mais de um aminoácido que promove o relaxamento, foi aprovado para venda no Japão. Mais tarde, em 2021, os pesquisadores anunciaram uma alternativa CRISPR, rotulada como proteínas de atividade guiada por elemento móvel obrigatório (OMEGA), incluindo IscB, IsrB e TnpB como endonucleases encontradas em transposons e guiadas por pequenos ωRNAs.

2. BASE DA EDIÇÃO DE GENES

A engenharia genética, como método de introdução de novos elementos genéticos nos organismos, existe desde a década de 1970. Um dos inconvenientes desta tecnologia tem sido a natureza aleatória com que o ADN é inserido no genoma do hospedeiro, o que pode prejudicar ou alterar outros genes do organismo. Embora tenham sido descobertos vários métodos que direcionam os genes inseridos para locais específicos no genoma de um organismo, ao inserir um gene funcional num organismo e ao direccioná-lo para substituir o gene defeituoso, poderia ser possível curar certas doenças genéticas.

Recombinação homóloga

Ao criar construções de ADN que contenham um modelo que corresponda à sequência do genoma visado, é possível que os processos de RH dentro da célula insiram a construção no local desejado. A utilização deste método em células estaminais embrionárias conduziu ao desenvolvimento de ratinhos transgénicos com genes alvo eliminados. Também foi possível introduzir genes ou alterar os padrões de expressão genética.

Orientação condicional

Para estudar a função dos genes, foram utilizadas recombinases específicas do local (SSR). Os dois tipos mais comuns são os sistemas Cre-LoxP e Flp-FRT. A recombinase Cre é uma enzima que remove o ADN por recombinação homóloga entre sequências de ligação conhecidas como sítios Lox-P. O sistema Flip-FRT funciona de forma semelhante, com a recombinase Flip a reconhecer sequências FRT. Ao cruzar um organismo que contenha os sítios de recombinase que flanqueiam o gene de interesse com um organismo que exprima o SSR sob o controlo de promotores específicos do tecido, é possível eliminar ou ativar genes apenas em determinadas células.

As principais etapas da edição do genoma CRISPR são,

Seleção da enzima Cas e do gRNA

O primeiro passo na conceção de um CRISPR é escolher a enzima associada ao CRISPR (Cas) adequada. As duas principais enzimas Cas utilizadas na edição do genoma são a Cas9 e a Cas12a. A Cas9 foi a primeira enzima Cas utilizada nos primeiros projectos de edição do genoma CRISPR e continua a ser a enzima Cas mais popular. A Cas12a é excecionalmente útil não só em células de mamíferos, mas também em plantas e outros organismos. Para dirigir a enzima Cas para o local alvo no ADN genómico, o ARN guia (ARNg) deve ser concebido de forma óptima. No caso da Cas9, o gRNA pode ser produzido como um único RNA-guia (sgRNA) ou como um RNA-guia de duas partes (contendo crRNA e tracrRNA). No caso da Cas12a, o gRNA é também designado por crRNA e é uma molécula única de ARN.

Entrega da enzima Cas e do ARN guia

Para entregar a enzima Cas e o ARN-guia às células, é necessário complexar a enzima e o ARNg para formar uma ribonucleoproteína

(RNP). A RNP pode então ser administrada às células por electroporação ou lipofecção.

Mecanismo de reparação

A RNP que contém Cas9 ou Cas12a corta o ADN genómico, formando uma quebra de cadeia dupla (DSB). As células sofrem naturalmente as vias de ligação de extremidades não-homólogas (NHEJ) ou de reparação dirigida por homologia (HDR). A via NHEJ é útil para fazer knockouts para estudar a função dos genes. A HDR requer não só RNP para fazer o DSB, mas também um modelo (ou seja, um oligo dador que contém a sequência de inserção) para dirigir a reparação e pode ser utilizada para eliminar mutações específicas (por exemplo, inserções, deleções, polimorfismos de nucleótido único).

Análise

Para a determinação não específica da presença de uma alteração numa sequência genómica, podem ser utilizados métodos baseados em gel. Para determinar o sucesso da edição no alvo e para investigar os efeitos fora do alvo, é utilizada a sequenciação de nova geração (NGS).

3. MECANISMOS DE REPARAÇÃO DO DNA

Os danos no ADN são causados pela incorporação de bases nucleotídicas incorrectas durante a replicação do ADN e pelas alterações químicas causadas por mutações espontâneas ou pela exposição a factores ambientais como a radiação. A reparação do ADN é um conjunto de processos através dos quais uma célula identifica e corrige os danos nas moléculas de ADN que codificam o seu genoma. Nas células humanas, tanto as actividades metabólicas normais como os factores ambientais, como a radiação, podem causar danos no ADN, resultando em dezenas de milhares de lesões moleculares individuais por célula e por dia. Muitas destas lesões causam danos estruturais na molécula de ADN e podem alterar ou eliminar a capacidade da célula para transcrever o gene que o ADN afetado codifica. Outras lesões induzem mutações potencialmente prejudiciais no genoma da célula, que afectam a sobrevivência das suas células filhas após a mitose. Como consequência, o processo de reparação do ADN está constantemente ativo, respondendo a danos na estrutura do ADN. Quando os processos normais de reparação falham, e quando a apoptose celular não ocorre, podem ocorrer danos irreparáveis no ADN, que acabam por conduzir a tumores malignos.

A taxa de reparação do ADN depende de muitos factores, incluindo o tipo de célula, a idade da célula e o ambiente extracelular. Uma célula que tenha acumulado uma grande quantidade de danos no ADN, ou que já não repare eficazmente os danos sofridos pelo seu ADN, pode entrar num de três estados possíveis:

1. Um estado irreversível de dormência, conhecido como senescência
2. Suicídio celular, também conhecido como apoptose ou morte celular programada
3. Divisão celular desregulada, que pode levar à formação de um tumor canceroso

Os danos no ADN podem ser subdivididos em dois tipos principais:

1. Danos endógenos, como o ataque de espécies reactivas de oxigénio produzidas a partir de subprodutos metabólicos normais (mutação espontânea), especialmente o processo de desaminação oxidativa
2. Danos exógenos causados por agentes externos, tais como
    1. Radiação ultravioleta (UV) (200-400 nm) do sol ou de outras fontes de luz artificial
    2. Outras frequências de radiação, incluindo raios X e raios gama
    3. Hidrólise ou rutura térmica
    4. Certas toxinas vegetais

5. Produtos químicos mutagénicos de origem humana, especialmente compostos aromáticos que actuam como agentes intercalantes do ADN
6. Vírus

4. INVERSÃO DIRECTA DO DNA

A formação de dímeros de pirimidina após irradiação com luz UV resulta numa ligação covalente anormal entre bases de pirimidina adjacentes. O processo de fotorreactivação inverte diretamente estes danos através da ação da enzima fotolase, cuja ativação depende obrigatoriamente da energia absorvida da luz azul/UV (comprimento de onda de 300-500 nm) para promover a catálise. A fotoliase, uma enzima antiga presente em bactérias, fungos e na maioria dos animais, já não funciona nos seres humanos, que, em vez disso, utilizam a reparação por excisão de nucleótidos para reparar os danos causados pela irradiação UV. A reversão direta dos danos no ADN é um mecanismo de reparação que não necessita de um modelo e é aplicado a dois tipos principais de danos. A luz UV induz a formação de dímeros de pirimidina que podem distorcer a estrutura da cadeia de ADN, bloqueando a transcrição para além da área de dano.

A reversão direta através da fotorreactivação pode inverter esta reação de dimerização, utilizando a energia da luz para a destruição da ligação covalente anormal entre as bases pirimidínicas adjacentes. Os danos causados pelos agentes alquilantes que reagem com o ADN também podem ser reparados por inversão direta. A proteína metil guanina metil transferase (MGMT) pode restaurar a guanina original, transferindo o produto da metilação para o seu sítio ativo.

5. QUEBRAS DE ADN DE CADEIA DUPLA

As quebras de cadeia dupla, em que ambas as cadeias da dupla hélice são cortadas, são particularmente perigosas para a célula porque podem levar a rearranjos do genoma. De facto, quando uma rutura da dupla hélice é acompanhada de uma ligação cruzada que une as duas hélices no mesmo ponto, nenhuma das duas hélices pode ser utilizada como modelo para os mecanismos de reparação, pelo que a célula não conseguirá completar a mitose quando se dividir, morrendo ou, em casos raros, sofrendo uma mutação.

Existem três mecanismos para reparar as quebras de cadeia dupla (DSBs):

- Junção de Extremidades Não-Homólogas (NHEJ),
- Junção de extremidades mediada por micro-homologia (MMEJ),
- Recombinação homóloga (HR)

Junção de extremidades não homólogas

Na NHEJ, a DNA Ligase IV, uma DNA ligase especializada que forma um complexo com o cofator XRCC4, une diretamente as duas extremidades. Para orientar uma reparação precisa, a NHEJ baseia-se em sequências homólogas curtas chamadas microhomologias presentes nas caudas de cadeia simples das extremidades do ADN a unir. Se estas saliências forem compatíveis, a reparação é geralmente correta. A NHEJ também pode introduzir mutações durante a reparação. A perda de nucleótidos danificados no local da quebra pode levar a deleções, e a junção de terminais não compatíveis forma inserções ou translocações. A NHEJ é especialmente importante antes de a célula ter replicado o seu ADN, uma vez que não existe um modelo disponível para reparação por recombinação homóloga. Existem vias de NHEJ "de reserva" nos eucariotas superiores. Para além do seu papel de guardiã do genoma, a NHEJ é necessária para unir as quebras de cadeia dupla induzidas durante a recombinação V(D)J, o processo que gera a diversidade de receptores de células B e T no sistema imunitário dos vertebrados.

Junção de extremidades mediada por microhomologia

A MMEJ começa com a ressecção de extremidades de curto alcance pela nuclease MRE11 em ambos os lados de uma quebra de cadeia dupla para revelar regiões de micro-homologia. Nos passos seguintes, a polimerase 1 (PARP1) é necessária e pode ser um passo inicial no MMEJ. Ocorre o emparelhamento das regiões de micro-homologia, seguido do recrutamento da endonuclease específica da estrutura da aba 1 (FEN1) para remover as abas salientes. Segue-se o recrutamento de XRCC1-LIG3 para o local de ligação das extremidades do ADN, conduzindo a um ADN intacto. A MMEJ é sempre acompanhada por uma deleção, pelo que a MMEJ é uma via mutagénica para a reparação do ADN.

Recombinação homóloga

A recombinação homóloga envolve a troca de sequências de nucleótidos para reparar bases danificadas em ambas as cadeias de ADN através da utilização de uma cromátide irmã. A HR requer a presença de uma sequência idêntica ou quase idêntica para ser utilizada como modelo para a reparação da quebra. A maquinaria enzimática responsável por este processo de reparação é quase idêntica à maquinaria responsável pelo cruzamento cromossómico durante a meiose. Esta via permite que um cromossoma danificado seja reparado utilizando como modelo uma cromátide irmã (disponível em G2 após a replicação do ADN) ou um cromossoma homólogo. As DSBs causadas pela tentativa da maquinaria de replicação de sintetizar através de uma quebra de cadeia simples ou de uma lesão não reparada causam o colapso da forquilha de replicação e são normalmente reparadas por recombinação.

6. NUCLEASES PROGRAMÁVEIS PARA EDIÇÃO DE GENES

A chave para a edição do genoma é criar uma DSB num ponto específico do genoma. As enzimas de restrição habitualmente utilizadas são eficazes no corte do ADN, mas geralmente reconhecem e cortam em vários locais. Para ultrapassar este desafio e criar DSB em sítios específicos, foram descobertas e desenvolvidas até à data três classes distintas de nucleases. As nucleases programáveis, incluindo as nucleases de dedo de zinco, as nucleases efectoras do tipo ativador da transcrição e as proteínas associadas a CRISPR têm um enorme potencial de aplicação biológica e terapêutica como novas ferramentas de edição do genoma.

7. MEGANUCLEASES

As meganucleases, descobertas no final dos anos 80, são enzimas da família das endonuclease que se caracterizam pela sua capacidade de reconhecer e cortar grandes sequências de ADN (de 14 a 40 pares de bases). As meganucleases mais difundidas e mais conhecidas são as proteínas da família LAGLIDADG, que devem o seu nome a uma sequência de aminoácidos conservada.

As meganucleases, que se encontram habitualmente em espécies microbianas, têm a propriedade única de possuir sequências de reconhecimento muito longas (>14 pb), o que as torna naturalmente muito específicas. No entanto, é praticamente impossível encontrar a meganuclease exacta necessária para atuar sobre uma sequência de ADN específica escolhida. Para ultrapassar este desafio, foram utilizados métodos de mutagénese e de rastreio de elevado rendimento para criar variantes de meganuclease que reconhecem sequências únicas. Outros conseguiram fundir várias meganucleases e criar enzimas híbridas que reconhecem uma nova sequência. Outra abordagem envolve a utilização de modelos informáticos para tentar prever, com a maior precisão possível, a atividade das meganucleases modificadas e a especificidade da sequência nucleica reconhecida. Foi criado um grande banco que contém várias dezenas de milhares de unidades proteicas. Estas unidades podem ser combinadas para obter meganucleases quiméricas que reconhecem o sítio alvo, fornecendo assim ferramentas de investigação e desenvolvimento que satisfazem uma vasta gama de necessidades (investigação fundamental, saúde, agricultura, indústria, energia, etc.).

As meganucleases têm a vantagem de causar menos toxicidade nas células do que métodos como a Zinc finger nuclease (ZFN), provavelmente devido a um reconhecimento mais rigoroso da sequência de ADN; no entanto, a construção de enzimas específicas da sequência para todas as sequências possíveis é dispendiosa e demorada, uma vez que não se está a beneficiar das possibilidades combinatórias que métodos como as ZFNs e as fusões baseadas em TALEN utilizam.

8. NUCLEASES DE DEDO DE ZINCO

O conceito subjacente às ZFN e à tecnologia TALEN baseia-se num domínio catalítico de corte de ADN não específico, que pode depois ser ligado a péptidos específicos de reconhecimento de sequências de ADN, como os dedos de zinco e os activadores de transcrição (TALE). O primeiro passo para isso foi encontrar uma endonuclease cujo sítio de reconhecimento do ADN e o sítio de clivagem fossem separados um do outro, uma situação que não é a mais comum entre as enzimas de restrição. Uma vez encontrada esta enzima, a sua porção de clivagem poderia ser separada, o que seria muito inespecífico, uma vez que não teria capacidade de reconhecimento. Esta porção poderia então ser ligada a péptidos de reconhecimento de sequências que poderiam levar a uma especificidade muito elevada.

Os motivos do dedo de zinco ocorrem em vários factores de transcrição. O ião zinco, presente em 8% de todas as proteínas humanas, desempenha um papel importante na organização da sua estrutura tridimensional. Nos factores de transcrição, está mais frequentemente localizado nos locais de interação proteína-DNA, onde estabiliza o motivo. As sequências reconhecidas são curtas, constituídas por cerca de 3 pares de bases, mas combinando 6 a 8 dedos de zinco cujos sítios de reconhecimento foram caracterizados, é possível obter proteínas específicas para sequências de cerca de 20 pares de bases. Assim, é possível controlar a expressão de um gene específico. É igualmente possível fundir uma proteína assim construída com o domínio catalítico de uma endonuclease, a fim de induzir uma quebra de ADN específica e, por conseguinte, utilizar estas proteínas como instrumentos de engenharia do genoma.

O método geralmente adotado para o efeito consiste em associar duas proteínas de ligação ao ADN. A ligação das duas proteínas zinc finger às suas respectivas sequências aproxima os dois domínios FokI. São utilizadas várias abordagens para conceber nucleases de dedo de zinco específicas para as sequências escolhidas. A mais comum consiste em combinar unidades de zinc-finger com especificidades conhecidas (montagem modular). Foram desenvolvidas várias técnicas de seleção, utilizando células de bactérias, leveduras ou mamíferos, para identificar as combinações que oferecem a melhor especificidade e a melhor tolerância celular.

As nucleases de dedo de zinco são ferramentas de investigação e desenvolvimento que já foram utilizadas para modificar uma série de genomas, em particular pelos laboratórios do Consórcio do Dedo de Zinco. A empresa americana Sangamo BioSciences utiliza as nucleases de dedo de zinco para realizar investigação sobre a engenharia genética de células estaminais e a modificação de células imunitárias para fins terapêuticos. Os linfócitos T modificados estão atualmente a ser submetidos a ensaios clínicos de fase I para tratar um tipo de tumor cerebral (glioblastoma) e na luta contra a SIDA.

9. TALENs

As nucleases efectoras do tipo ativador da transcrição (TALEN) são proteínas específicas de ligação ao ADN que apresentam um conjunto de repetições de 33 ou 34 aminoácidos. As TALEN são enzimas de restrição artificiais concebidas através da fusão do domínio de corte do ADN de uma nuclease com domínios TALE, que podem ser adaptados para reconhecer especificamente uma sequência de ADN única. Estas proteínas de fusão funcionam como "tesouras de ADN" facilmente orientáveis para aplicações de edição de genes que permitem efetuar modificações específicas do genoma, como a inserção, a eliminação, a reparação e a substituição de sequências em células vivas.

Os domínios de ligação ao ADN, que podem ser concebidos para ligar qualquer sequência de ADN desejada, provêm dos efectores TAL, proteínas de ligação ao ADN excretadas por *Xanthomanos app*, um agente patogénico das plantas. Os efectores TAL são constituídos por domínios repetidos, cada um dos quais contém uma sequência altamente conservada de 34 aminoácidos, e reconhecem um único nucleótido de ADN no local alvo. A nuclease pode criar quebras de cadeia dupla no local alvo que podem ser reparadas por junção de extremidades não homólogas (NHEJ) propensa a erros, resultando em perturbações genéticas através da introdução de pequenas inserções ou deleções. Cada repetição é conservada, com exceção dos chamados di-resíduos variáveis repetidos (RVDs) nas posições de aminoácidos 12 e 13. Os RVDs determinam a sequência de ADN à qual a TALE se ligará. Esta correspondência simples de um para um entre as repetições TALE e a sequência de ADN correspondente torna simples o processo de montagem de conjuntos de repetições para reconhecer novas sequências de ADN. Estas TALEs podem ser fundidas com o domínio catalítico de uma nuclease de ADN, FokI, para gerar uma nuclease efectora semelhante a um ativador de transcrição (TALEN). As construções TALEN resultantes combinam especificidade e atividade, gerando efetivamente nucleases específicas da sequência que se ligam e clivam sequências de ADN apenas em locais pré-selecionados.

As nucleases TAL são específicas do seu alvo devido, em parte, ao comprimento do seu sítio de ligação de mais de 30 pares de bases. A TALEN pode ser efectuada num intervalo de 6 pares de bases de qualquer nucleótido em todo o genoma. As construções TALEN são utilizadas de forma semelhante às nucleases de dedo de zinco concebidas e têm três vantagens na mutagénese orientada: (1) a especificidade da ligação ao ADN é maior, (2) os efeitos fora do alvo são menores e (3) a construção de domínios de ligação ao ADN é mais fácil.

10. CRISPRs

Os CRISPR (Clustered Regularly Interspaced Short Palindromic Repeats) são elementos genéticos que as bactérias utilizam como uma espécie de imunidade adquirida para se protegerem contra os vírus. Consistem em sequências curtas que têm origem em genomas virais e que foram incorporadas no genoma bacteriano. As Cas (proteínas associadas ao CRISPR) processam estas sequências e cortam as sequências de ADN viral correspondentes. Ao introduzir plasmídeos contendo genes Cas e CRISPRs especificamente construídos em células eucarióticas, o genoma eucariótico pode ser cortado em qualquer posição desejada.

Foram desenvolvidas várias abordagens para a edição do genoma. Uma bem conhecida é a chamada CRISPR-Cas9, que é a abreviatura de clustered regularly interspaced short palindromic repeats (repetições palindrómicas curtas regularmente espaçadas) e CRISPR-associated protein 9 (proteína 9 associada à CRISPR). O sistema CRISPR-Cas9 gerou grande entusiasmo na comunidade científica porque é mais rápido, mais barato, mais preciso e mais eficiente do que outros métodos de edição do genoma.

O CRISPR-Cas9 foi adaptado a partir de um sistema de edição do genoma que ocorre naturalmente e que as bactérias utilizam como defesa imunitária. Quando infectadas com vírus, as bactérias capturam pequenos pedaços do ADN dos vírus e inserem-nos no seu próprio ADN num padrão específico para criar segmentos conhecidos como matrizes CRISPR. As matrizes CRISPR permitem que as bactérias se "lembrem" dos vírus (ou de vírus estreitamente relacionados). Se os vírus voltarem a atacar, as bactérias produzem segmentos de ARN a partir das matrizes CRISPR que reconhecem e se ligam a regiões específicas do ADN dos vírus. As bactérias utilizam então a Cas9 ou uma enzima semelhante para cortar o ADN, o que desactiva o vírus.

11. EDIÇÃO DE GENES UTILIZANDO CRISPR-CAS

A edição do genoma é de grande interesse para a prevenção e o tratamento de doenças humanas. Atualmente, a edição do genoma é utilizada em células e modelos animais em laboratórios de investigação para compreender as doenças. Os cientistas ainda estão a trabalhar para determinar se esta abordagem é segura e eficaz para ser utilizada em pessoas. Está a ser explorada em investigação e ensaios clínicos para uma grande variedade de doenças, incluindo doenças de um único gene, como a fibrose quística, a hemofilia e a doença falciforme. Também é promissora para o tratamento e prevenção de doenças mais complexas, como o cancro, as doenças cardíacas, as doenças mentais e a infeção pelo vírus da imunodeficiência humana (VIH). A edição do genoma CRISPR-Cas9 é efectuada com um sistema CRISPR de tipo II. Quando utilizado para a edição do genoma, este sistema inclui uma ribonucleoproteína (RNP), constituída por Cas9, crRNA e tracrRNA, juntamente com um modelo opcional de reparação do ADN.

A CRISPR-Cas9 utiliza frequentemente plasmídeos, que codificam os componentes da RNP, para transfectar as células alvo, ou a RNP é montada antes de ser adicionada às células através da nucleofecção. Os principais componentes deste plasmídeo são apresentados na imagem e listados na tabela. O crRNA é concebido exclusivamente para cada aplicação, uma vez que esta é a sequência que o Cas9 utiliza para identificar e ligar-se diretamente a sequências específicas no ADN da célula hospedeira. O crRNA deve ligar-se apenas onde a edição é desejada. O modelo de reparação também é concebido exclusivamente para cada aplicação, uma vez que deve complementar, até certo ponto, as sequências de ADN de ambos os lados do corte e também conter qualquer sequência desejada para inserção no genoma do hospedeiro.

Estrutura

O CRISPR-Cas9 oferece um elevado grau de fidelidade e uma construção relativamente simples. Depende de dois factores para a sua especificidade: a sequência alvo e a sequência do motivo adjacente do protoespaçador (PAM). A sequência alvo tem 20 bases de comprimento e faz parte de cada locus CRISPR na matriz de crRNA. Uma matriz típica de crRNA tem várias sequências alvo únicas. As proteínas Cas9 selecionam a localização correta no genoma do hospedeiro utilizando a sequência para se ligarem a pares de bases no ADN do hospedeiro. A sequência não faz parte da proteína Cas9 e, como resultado, é personalizável e pode ser sintetizada de forma independente.

A introdução de Cas9, sgRNA e complexos associados nas células pode ocorrer através de sistemas virais e não virais. A electroporação de ADN, ARN ou ribonucleocomplexos é uma técnica comum, embora possa resultar em efeitos nocivos para as células alvo. Foram também utilizadas técnicas de transfecção química que utilizam lípidos e péptidos para introduzir nas células sgRNAs em complexo com Cas9. Os tipos de células que são mais difíceis de transfectar (por exemplo, células estaminais, neurónios e células hematopoiéticas) requerem sistemas de entrega mais eficientes, como os baseados em lentivírus (LVs), adenovírus (AdV) e vírus adeno-associados (AAV). Verificou-se que a eficiência do CRISPR-Cas9 aumenta consideravelmente quando vários componentes do sistema, incluindo toda a estrutura do CRISPR/Cas9 e os complexos Cas9-gRNA, são entregues em forma montada, em vez de se utilizarem transgénicos.

A sequência do motivo adjacente ao protoespaçador (PAM) no genoma do hospedeiro é reconhecida pela Cas9. A Cas9 não pode ser facilmente modificada para reconhecer uma sequência PAM diferente. No entanto, este facto não é muito limitativo, uma vez que se trata normalmente de uma sequência muito curta e inespecífica que ocorre frequentemente em muitos locais do genoma (por exemplo, a sequência PAM da SpCas9 é 5'-NGG-3' e no genoma humano ocorre aproximadamente a cada 8 a 12 pares de bases). Uma vez reunidas estas sequências num plasmídeo e transfectadas para as células, a proteína Cas9, com a ajuda do crRNA, encontra a sequência correta no ADN da célula hospedeira e - dependendo da variante da Cas9 - cria uma rutura de cadeia simples ou dupla no local apropriado do ADN.

As quebras de cadeia simples corretamente espaçadas no ADN do hospedeiro podem desencadear uma reparação dirigida por homologia, que é menos propensa a erros do que a junção de extremidades não homólogas que normalmente se segue a uma quebra de cadeia dupla. O fornecimento de um modelo de reparação de ADN permite a inserção de uma sequência de ADN específica numa localização exacta do genoma. O modelo de reparação deve estender-se 40 a 90 pares de bases para além da quebra de ADN induzida pelo Cas9. O objetivo é que o processo HDR nativo da célula utilize o modelo de reparação fornecido e incorpore assim a nova sequência no genoma. Uma vez incorporada, esta nova sequência faz agora parte do material genético da célula e passa para as suas células filhas.

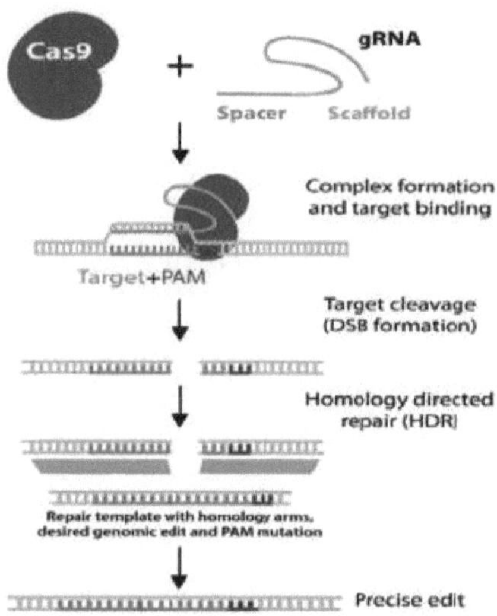

https://www.addgene.org/guides/crispr/

Edição controlada do genoma

As variantes do sistema CRISPR-Cas9 têm-se centrado na introdução de um maior controlo na sua utilização. Especificamente, a investigação destinada a melhorar este sistema inclui a melhoria da sua especificidade, da sua eficiência e da granularidade do seu poder de edição. As técnicas podem ainda ser divididas e classificadas de acordo com o componente do sistema que modificam. Estas incluem a utilização de variantes diferentes ou novas criações da proteína Cas, a utilização de uma proteína efectora completamente diferente, a modificação do sgRNA ou a utilização de uma abordagem algorítmica para identificar as soluções óptimas existentes.

A especificidade é um aspeto importante para melhorar o sistema CRISPR-Cas9, uma vez que os efeitos fora do alvo que gera têm consequências graves para o genoma da célula e invocam cautela na sua utilização. Também foram realizadas investigações sobre a engenharia de novas proteínas Cas9, incluindo algumas que substituem parcialmente os nucleótidos de ARN no ARNm por ADN e um procedimento de geração de mutantes Cas9 orientado para a estrutura, todos com efeitos fora do alvo reduzidos.

O CRISPR também utiliza proteínas de edição de um único par de bases para criar edições específicas em uma ou duas bases na sequência alvo. O CRISPR/Cas9 foi fundido com enzimas específicas que inicialmente só podiam alterar as mutações C para T e G para A e o seu inverso. Isto acabou por ser conseguido sem necessidade de qualquer clivagem do ADN. Com a fusão de outra enzima, o sistema CRISPR-Cas9 de edição de bases pode também editar C para G e o seu inverso.

Rastreio CRISPR

O sistema CRISPR (clustered regularly interspaced short palindrome repeats)/Cas9 é uma tecnologia de edição de genes que pode induzir quebras de cadeia dupla (DSBs) em qualquer local onde os ácidos ribonucleicos guia (gRNA) se possam ligar à sequência de motivos adjacentes do protospacer (PAM). Os cortes de cadeia simples também podem ser induzidos por mutantes do sítio ativo da Cas9, também conhecidos como Cas9 nickases. Com a simples alteração da sequência do gRNA, a Cas9-endonuclease pode ser entregue a um gene de interesse e induzir DSBs. A eficiência da Cas9-endonuclease e a facilidade com que os genes podem ser alvo levaram ao desenvolvimento de bibliotecas CRISPR-knockout (KO), tanto para células de ratinho como humanas, que podem abranger conjuntos específicos de genes de interesse ou todo o genoma. O rastreio CRISPR ajuda os cientistas a criar uma perturbação genética sistemática e de elevado rendimento em organismos modelo vivos. Esta perturbação genética é necessária para compreender plenamente a função dos genes e a regulação epigenética. A vantagem das bibliotecas CRISPR agrupadas é que podem ser selecionados mais genes de uma só vez.

As bibliotecas Knock-out são criadas de forma a obter uma representação e um desempenho iguais em todos os gRNAs expressos e contêm um marcador de seleção antibiótico ou fluorescente que pode ser utilizado para recuperar as células transduzidas. Existem dois sistemas de plasmídeos nas bibliotecas CRISPR/Cas9. O primeiro é tudo num só plasmídeo, em que o sgRNA e o Cas9 são produzidos simultaneamente numa célula transfectada. O segundo é um sistema de dois vectores: os plasmídeos sgRNA e Cas9 são fornecidos separadamente. Uma vez preparada a biblioteca agrupada, é necessário efetuar uma sequenciação profunda (NGS, sequenciação de nova geração) do ADN do plasmídeo amplificado por PCR, a fim de revelar a abundância de sgRNAs. As células de interesse podem ser consequentemente infectadas pela biblioteca e depois selecionadas de acordo com o fenótipo. Existem dois tipos de seleção: negativa e positiva. Através da seleção negativa, as células mortas ou de crescimento lento são detectadas de forma eficaz. Esta seleção permite identificar genes essenciais à sobrevivência, que podem ser utilizados como candidatos a fármacos com alvo molecular. Por outro lado, a seleção positiva permite obter uma coleção de populações com vantagens de crescimento adquiridas por mutagénese aleatória. Após a seleção, o ADN genómico é recolhido e sequenciado por NGS. A depleção ou enriquecimento de sgRNAs é detectada e comparada com a biblioteca original de sgRNA, anotada com o gene alvo a que o sgRNA corresponde. A análise estatística identifica então os genes que têm uma probabilidade significativa de serem relevantes para o fenótipo de interesse.

12. EDIÇÃO DE GENES PARA A TERAPIA DE DOENÇAS HUMANAS

Os investigadores podem agora utilizar animais geneticamente modificados para esclarecer os mecanismos moleculares subjacentes a uma série de doenças e determinar a sua etiologia, a fim de desenvolver planos de tratamento mais eficazes.

Estudos anticancerígenos

A tecnologia de edição de genomas permitiu obter importantes quebras de ligação numa série de trabalhos de investigação fundamentais. Mais recentemente, tem sido utilizada para conceber células estaminais hematopoiéticas (HSCs) e células T específicas de tumores. O sistema CRISPR/Cas9 está a tornar-se uma ferramenta crucial no desenvolvimento de tratamentos para o cancro. Sete imunoterapias que visam a expressão da proteína PD-1 foram objeto de ensaios clínicos destinados a avaliar a utilidade do sistema CRISPR na terapia do cancro. No West China Hospital da Universidade de Sichuan, o primeiro estudo clínico que utilizou o método inovador CRISPR/Cas9 para o tratamento do cancro registou o seu primeiro doente em 2016.

Estudos antivirais

A principal estratégia para o tratamento do VIH baseada na edição do genoma é a criação de células imunitárias que foram modificadas para serem resistentes à infeção ou à replicação do VIH. Já foram realizados vários ensaios clínicos que investigaram a modulação das células T CD4+ no contexto da infeção pelo VIH. Em 2009, teve início o primeiro estudo autorizado de edição do genoma que utiliza a terapia ZFN para o VIH, a fim de avaliar a eficácia e a segurança antiVIH das células T CD4+ autólogas modificadas em indivíduos seropositivos para o VIH-1.

Doenças metabólicas

O rastreio funcional de genes, a terapia genética e a criação de modelos de doenças metabólicas como a obesidade, a diabetes e a hiperlipidemia podem ser realizados com a utilização da tecnologia de edição de genes. As células adiposas brancas emitem a hormona leptina (Lep), que interage com o centro regulador metabólico hipotalâmico através do recetor da leptina (LepR). Pode afetar a concentração de açúcar no sangue, a função neuroendócrina e outros processos fisiológicos. As suas muitas actividades incluem a supressão do apetite, a redução da ingestão de energia e a regulação da criação de gordura.

Doenças neurológicas

Milhões de pessoas em todo o mundo sofrem da doença de Parkinson (DP), a segunda doença neurológica mais prevalente. A doença de Parkinson (DP) é caracterizada por uma série de sintomas não motores, como emoções desreguladas, declínio cognitivo, padrões de sono irregulares e autonomia reduzida, para além de uma série de sintomas motores. A levodopa (L-DOPA), os agonistas da dopamina ou os inibidores da MAO-B são os principais tratamentos para a doença de Parkinson (DP). A estimulação cerebral profunda ou a cirurgia neuroablativa são outras opções cirúrgicas. A terapêutica não modificadora da doença (NDMT) tem como alvo a enzima ácido aromático descarboxilase (AADC), que é um componente do aparelho de produção de dopamina e transforma a L-DOPA em dopamina. A investigação demonstrou uma redução dos sintomas parkinsonianos quando a AADC mediada por vectores foi expressa nas células.

Um dos principais desafios relacionados com a tecnologia de edição de genes está relacionado com as questões técnicas que surgem durante a engenharia do ADN de interesse. Existem várias preocupações éticas relacionadas com a implementação de técnicas de edição de genes, bem como questões bioéticas que podem afetar o funcionamento da tecnologia de edição de genes. Além disso, o processo é complexo e inclui várias questões éticas e técnicas que podem afetar o funcionamento da tecnologia de edição de genes. No entanto, a principal desvantagem associada à utilização de tecnologias de edição de genes inclui questões éticas que afectaram o aparecimento da tecnologia de edição de genes. Além disso, a aplicação de tais ferramentas e tecnologias resultou no desenvolvimento de mutações que podem provocar outros efeitos secundários quando essas ferramentas e técnicas são administradas sem um protocolo adequado. Além disso, a principal desvantagem destes instrumentos e tecnologias é o facto de o processo ser muito dispendioso e de os reagentes utilizados no processo não estarem facilmente disponíveis, além de serem muito caros. Um dos principais desafios relacionados com a tecnologia de edição de genes está relacionado com as questões técnicas que surgem durante a engenharia do ADN de interesse. Existem várias preocupações éticas relacionadas com a aplicação de técnicas de edição de genes, bem como questões bioéticas que podem afetar o funcionamento da tecnologia de edição de genes. Além disso, o processo é complexo e inclui várias questões éticas e técnicas que podem afetar o funcionamento da tecnologia de edição de genes. No entanto, a principal desvantagem associada à utilização de tecnologias de edição de genes inclui questões éticas que afectaram o aparecimento da tecnologia de edição de genes. Além disso, a aplicação de tais ferramentas e tecnologias resultou no desenvolvimento de mutações que podem provocar outros efeitos secundários quando essas ferramentas e técnicas são administradas sem um protocolo adequado. Além disso, a principal desvantagem destes instrumentos e tecnologias é o facto de o processo ser muito dispendioso e de os reagentes utilizados no processo não estarem facilmente disponíveis, além de serem muito caros.

13. INCONVENIENTES E PRINCIPAIS DESAFIOS DAS ACTUAIS TÉCNICAS DE EDIÇÃO DE GENES

As preocupações morais surgem quando a alteração do genoma, utilizando inovações como o CRISPR-Cas9, é utilizada para modificar genomas humanos. A maior parte das progressões apresentadas com a alteração do genoma restringe-se a células substanciais, que são células que não são óvulos e espermatozóides (células da linha germinal). Estas progressões são afectadas apenas a tecidos específicos e não são transmitidas a partir de uma idade para a seguinte. No entanto, as alterações efectuadas nas qualidades dos óvulos ou dos espermatozóides ou nas qualidades de um organismo incipiente podem ser transmitidas às pessoas no futuro. A alteração do genoma de células germinativas e de organismos não desenvolvidos levanta várias dificuldades de ordem moral, incluindo a questão de saber se seria aceitável utilizar esta inovação para melhorar atributos humanos típicos (como o nível ou o conhecimento). Tendo em conta as preocupações de ordem moral e de segurança, a alteração do genoma das células germinativas e dos organismos não desenvolvidos é atualmente ilegal nos Estados Unidos e em muitos outros países.

As preocupações éticas surgem quando a edição do genoma, utilizando tecnologias como a CRISPR-Cas9, é utilizada para alterar os genomas humanos. A maioria das alterações introduzidas com a edição do genoma limita-se às células somáticas, que são células que não são óvulos nem espermatozóides (células da linha germinal). Estas alterações são isoladas apenas em determinados tecidos e não são transmitidas de uma geração para a outra. No entanto, as alterações efectuadas nos genes dos óvulos ou dos espermatozóides ou nos genes de um embrião podem ser transmitidas às gerações futuras. A edição do genoma de células germinativas e embrionárias levanta uma série de desafios éticos, incluindo a questão de saber se é permitido utilizar esta tecnologia para melhorar caraterísticas humanas normais (como a altura ou a inteligência). Com base em preocupações de ordem ética e de segurança, a edição do genoma de células da linha germinal e de embriões é atualmente ilegal nos Estados Unidos e em muitos outros países.

CAPÍTULO 2: INOVAÇÕES NA TERAPIA GENÉTICA E CELULAR

A utilização de material genético para curar ou prevenir doenças é conhecida como terapia genética. A célula produz uma única proteína ou um conjunto de proteínas de forma diferente como resultado da informação genética transferida. A terapia génica pode gerar proteínas novas ou modificadas, aumentar a síntese de proteínas que combatem doenças ou reduzir as quantidades de uma proteína que causa essa doença. O processo de dar a um doente células inteiras e vivas num esforço para tratar ou reverter uma doença é conhecido como terapia celular. As células podem ser provenientes de um dador (células alogénicas) ou do próprio doente (células autólogas). A capacidade das células utilizadas na terapia celular de se transformarem noutros tipos de células permite a sua classificação. As técnicas médicas modernas, como a terapia genética e celular, tentam tratar ou mesmo prevenir doenças através da substituição ou reparação de genes danificados ou da utilização de células vivas como um tipo de medicamento.

1. TERAPIA DE GENES

Para tratar ou prevenir doenças, a terapia genética consiste em alterar a composição genética das células de uma pessoa. Isto pode implicar a adição de um novo gene para ajudar na luta contra uma doença, a desativação de um gene disfuncional ou a troca de um gene danificado por um saudável.

Mecanismos: Substituição de genes: Uma cópia funcional de um gene defeituoso é substituída por ele. Por exemplo, uma versão corrigida do gene pode ser inserida em circunstâncias em que uma doença é causada por uma mutação genética.

Silenciamento de genes: Este é o processo de bloqueio ou eliminação de um gene que está a produzir um problema, como um gene que gera uma proteína perigosa.

Adição de genes: adição de um gene novo ou alterado que, ao gerar proteínas ou enzimas vantajosas, pode ajudar no tratamento da doença.

Métodos de entrega:

Vectores virais: Os novos genes são frequentemente inseridos nas células através de vírus modificados. O vírus é concebido para poder introduzir o gene terapêutico nas células-alvo.
Técnicas não virais: Incluem a inserção direta de ADN (plasmídeos) nas células através de técnicas químicas ou físicas como os lipossomas ou a electroporação.

2. TERAPIA CELULAR

As células vivas são administradas a um doente no âmbito de uma terapia celular com o objetivo de substituir ou reparar tecidos ou células danificados. Estas células podem ser autólogas - derivadas do doente - ou alogénicas - derivadas de um dador.

Tipos de células utilizadas:

- *Células estaminais:* São células indiferenciadas com a capacidade de se desenvolverem em diferentes tipos de células. Podem ser obtidas a partir de células adultas que foram reprogramadas para se assemelharem a células estaminais, conhecidas como células estaminais pluripotentes induzidas.

- *Células imunitárias:* Na terapia com células CAR-T, as células T são concebidas para atingir e eliminar especificamente as células cancerígenas.

- *Outras células especializadas:* Os condrócitos são utilizados para reparar a cartilagem das articulações, enquanto as células das ilhotas pancreáticas são utilizadas para curar a diabetes.

Aplicações:

Medicina regenerativa: A medicina regenerativa envolve a substituição ou reparação de tecidos danificados, como os encontrados em doenças cardíacas, doença de Parkinson e lesões na medula espinhal.

Tratamento do cancro: Visar e eliminar as células cancerígenas com células imunitárias que foram alteradas, como as células CAR-T.

Doenças auto-imunes: Alteração das células imunitárias para diminuir os ataques do sistema imunitário aos tecidos do próprio corpo.

Combinação de terapia genética e celular

Em muitas terapias avançadas, tanto a terapia genética como a terapia celular são combinadas. Por exemplo, na terapia celular CAR-T para o cancro, as células T são colhidas de um doente, geneticamente modificadas para melhor reconhecerem e atacarem as células cancerígenas, e depois reintroduzidas no corpo do doente.

3. TIPOS DE TERAPIA GÉNICA

A terapia génica pode ser classificada com base em vários factores, como as células-alvo (germinativas ou somáticas), o método de entrega do gene e a técnica específica utilizada para modificar os genes.

Terapia genética somática

A terapia genética somática é direcionada para as células não reprodutivas do corpo, ou células somáticas. A pessoa tratada é a única que tem as alterações genéticas e estas não são herdadas.

Tipos - *Terapia génica in vivo*: Este método envolve a introdução do gene terapêutico diretamente no corpo do paciente. Quando as células-alvo, como as células musculares, hepáticas ou cerebrais, são difíceis de alcançar a partir do exterior do corpo, esta técnica é frequentemente utilizada.

- *Terapia génica ex vivo*: A TI envolve retirar as células de um paciente do seu corpo, modificá-las geneticamente num laboratório e depois reintroduzi-las no seu corpo. É frequentemente utilizada para tratar problemas sanguíneos, modificando as células da medula óssea antes de as replantar.

Terapia genética germinal

Embriões em fase inicial ou células reprodutivas (óvulos ou espermatozóides) são o foco da terapia genética de linha germinal. As gerações futuras podem herdar as alterações genéticas. A terapia genética da linha germinal é um tema muito debatido que ainda não é utilizado em pessoas devido a questões éticas e de segurança.

Terapia de aumento de genes

Nas células em que o gene original está ausente ou não é funcional, isto implica a introdução de um gene funcional. Ao compensar o gene ausente ou danificado, o gene de substituição permite que as células funcionem corretamente. Este método é frequentemente utilizado em doenças genéticas recessivas, nas quais a doença resulta da falta de função de um gene em ambas as cópias.

Exemplo: Tratamento da fibrose quística através da introdução de um gene CFTR normal nas células do doente para corrigir o gene defeituoso que causa a doença.

Terapia de inibição de genes

O objetivo do tratamento de inibição de genes é impedir a ação de um gene que está a causar uma doença. Para o efeito, podem ser utilizadas várias técnicas, incluindo o tratamento anti-sentido e a interferência do ARN (RNAi). (Bloqueio da expressão de um gene mutante ou hiperativo para tratar doenças como a doença de Huntington ou certas doenças malignas).

Edição de genes

Para reparar mutações ou eliminar regiões indesejáveis, a edição de genes implica a alteração direta da sequência de ADN de um gene. São frequentemente utilizados métodos de edição de genes, incluindo TALENs, ZFNs e CRISPR-Cas9. (O CRISPR-Cas9 tem a capacidade de remover e substituir regiões problemáticas no gene da anemia falciforme, possivelmente tratando a doença na sua origem genética).

Terapia genética contra o suicídio

Na terapia genética suicida, é inserido nas células um gene que torna as células cancerígenas vulneráveis a um medicamento que é seguro para o resto do corpo. A medicação tem como alvo e mata as células cancerígenas com o gene suicida (considere a utilização do gene da timidina quinase do vírus do herpes simplex (HSV-TK) nas células cancerígenas para causar a morte celular direcionada).

Terapia de eliminação de genes

Um determinado gene é tornado inativo durante a terapia de eliminação de genes para impedir o seu funcionamento. Esta técnica é amplamente aplicada na investigação e no desenvolvimento de novos tratamentos para compreender o papel dos genes e tratar doenças em que pode ser benéfico alterar um determinado gene. (A doença pode não progredir se os genes que promovem o desenvolvimento de células cancerígenas nas células forem eliminados).

Terapia com células T de Recetor de Antigénio Quimérico (CAR) - Este tipo de terapia genética envolve a alteração das células T de um doente para expressarem um recetor que visa especificamente determinadas células cancerígenas. Depois disso, o doente recebe outra infusão das células T alteradas, o que ajuda a defesa do organismo contra o cancro. (No tratamento com células CAR-T para a leucemia, a proteína CD19 na superfície das células de leucemia de células B é o foco da engenharia das células T).

Terapia genética mitocondrial

Este tipo de terapia visa o ADN mitocondrial herdado da mãe (ADNmt), que é distinto do ADN nuclear. Num ovo ou embrião, a terapia genética mitocondrial pode substituir as mitocôndrias danificadas por outras saudáveis.

Por exemplo, na FIV de três pais, o ADN mitocondrial de um dador é utilizado para proteger o feto de herdar doenças mitocondriais.

4. ESTRATÉGIAS DE TERAPIA GÉNICA

As estratégias de terapia génica referem-se às diferentes abordagens utilizadas para introduzir genes terapêuticos nas células de um doente para tratar ou prevenir doenças. Algumas das principais estratégias utilizadas na terapia genética incluem:

1. Terapia de substituição de genes

Uma cópia normal do gene é introduzida nas células-alvo, onde pode produzir a proteína necessária que o gene defeituoso não conseguiu produzir. Esta estratégia é frequentemente utilizada para doenças genéticas causadas por um único defeito genético, como a fibrose quística ou a hemofilia.

2. Silenciamento dos genes (interferência do ARN)

O pequeno ARN de interferência (siRNA) ou os oligonucleótidos anti-sentido são introduzidos nas células para se ligarem ao ARN mensageiro (ARNm) do gene alvo, impedindo a sua tradução em proteína. Esta estratégia é útil para doenças em que a redução da produção de uma proteína nociva pode aliviar os sintomas, como na doença de Huntington ou em certos cancros.

3. Edição de genes

As ferramentas de edição de genes, como CRISPR-Cas9, TALENs ou nucleases de dedo de zinco (ZFNs), são utilizadas para fazer alterações precisas na sequência de ADN, quer cortando sequências defeituosas quer inserindo sequências corretas. A edição de genes está a ser explorada para o tratamento de doenças como a anemia falciforme, a distrofia muscular e várias doenças genéticas hereditárias.

4. Terapia genética do suicídio

Um "gene suicida" é introduzido nas células-alvo, tornando-as susceptíveis a um medicamento que, de outro modo, seria inofensivo para as células normais. Quando o medicamento é administrado, ativa o gene suicida, levando à morte das células doentes. Normalmente utilizado no tratamento do cancro, em que a terapia visa as células tumorais, poupando os tecidos saudáveis.

5. Adição de genes

Esta estratégia envolve a inserção de um gene que pode ajudar a tratar uma doença, fornecendo uma nova função de que o organismo necessita. O novo gene não substitui nenhum gene existente, mas acrescenta uma nova função benéfica, o que é utilizado em condições em que a introdução de um gene pode ajudar o organismo a produzir uma enzima ou proteína necessária, como nas terapias de substituição enzimática.

6. **Imunoterapia** - Os genes são introduzidos para melhorar a resposta imunitária contra as células cancerígenas, muitas vezes modificando as células imunitárias, como as células T, para que reconheçam e ataquem o cancro. A terapia celular CAR-T é um exemplo proeminente, em que as células T são modificadas para atacar mais eficazmente as células cancerígenas.

7. Terapia génica in vivo

Os genes são introduzidos nas células do doente utilizando vectores como os vírus ou sistemas de entrega não virais como as nanopartículas. A terapia é administrada diretamente no tecido alvo ou por via sistémica. É utilizada em condições em que as células não podem ser facilmente removidas e modificadas fora do corpo, como na distrofia muscular ou em certas doenças do fígado.

8. Terapia génica ex vivo

As células são colhidas do doente, modificadas geneticamente em laboratório (por exemplo, utilizando vectores virais) e depois reintroduzidas no corpo do doente. Isto permite um controlo preciso do processo de modificação genética. Frequentemente utilizada em tratamentos como a terapia celular CAR-T para o cancro, em que as células T são modificadas para atacar melhor as células cancerígenas.

9. Terapia genética mitocondrial

Técnicas como a terapia de substituição mitocondrial envolvem a substituição de mitocôndrias defeituosas por outras saudáveis, normalmente no contexto da fertilização in vitro. Utilizada para prevenir a transmissão de doenças mitocondriais de mãe para filho.

10. Terapia genética direcionada

Esta estratégia envolve a utilização de sistemas de entrega direcionada, tais como promotores ou ligandos específicos do tecido, que guiam o gene terapêutico para o local certo no organismo. As terapias direcionadas são cruciais no tratamento de doenças que afectam órgãos específicos, como o fígado ou o cérebro, assegurando que o gene terapêutico está ativo apenas onde é necessário.

11. Anulação de genes

Técnicas como os oligonucleótidos anti-sentido ou o ARN de cadeia curta (shRNA) são utilizadas para reduzir parcialmente a atividade de um gene. Esta estratégia é utilizada em doenças em que a redução parcial da atividade de um gene é benéfica, como em algumas doenças neurodegenerativas.

5. ALVOS TERAPÊUTICOS PARA A TERAPIA GÉNICA

A terapia genética é uma abordagem promissora para o tratamento de várias doenças, alterando ou corrigindo diretamente o material genético das células do doente. Na terapia génica, os "alvos terapêuticos" são determinados genes, proteínas ou vias que são visados de forma a produzir um resultado terapêutico desejado. É essencial compreender estes alvos para criar tratamentos genéticos bem sucedidos.

1. Tipos de alvos terapêuticos

a. Genes defeituosos

- ***Substituição de genes***: O objetivo é fornecer a forma correta do gene através da substituição ou reparação do gene defeituoso utilizando métodos como CRISPR-Cas9, nucleases de dedo de zinco ou vectores virais. - ***Silenciamento de genes***: Métodos como a interferência de RNA (RNAi) ou oligonucleótidos anti-sentido podem ser utilizados para silenciar um gene mutante se este resultar na produção de uma proteína prejudicial.

- ***Doenças monogénicas***: Estas incluem a distrofia muscular, a anemia falciforme e a fibrose cística, que são doenças provocadas por mutações num único gene. Neste caso, o alvo terapêutico é o próprio gene mutante.

b. Proteínas sobre-expressas

- ***Células CAR-T e anticorpos monoclonais***: destinam-se a atingir especificamente as proteínas expressas à superfície das células cancerosas, a fim de as erradicar.

- ***Terapia do cancro***: A sobreexpressão de genes específicos causa a proliferação descontrolada de células em muitas doenças malignas. Uma abordagem potencial de tratamento consiste em direcionar estes genes para bloquear os seus produtos proteicos ou diminuir a sua expressão.

c. Vias associadas a doenças

- ***Doenças neurodegenerativas:*** Outra estratégia envolve concentrar-se nos processos que causam a acumulação de proteínas nocivas, como no caso de doenças como Parkinson ou Huntington.

- ***Distúrbios metabólicos:*** Estas doenças podem ser resolvidas através de uma ação sobre as enzimas ou as vias metabólicas. A terapia genética, por exemplo, pode ser utilizada para alterar o nível de atividade de uma enzima.

2. Sistemas de entrega de genes como alvo

a. Vectores virais

- ***Vírus Adeno-Associado (AAV):*** Como pode transferir informação genética para células pouco imunogénicas que se dividem e para as que não se dividem, o AAV é frequentemente utilizado na terapia genética. - ***Lentivírus:*** Empregado devido à sua capacidade de assimilação no genoma do hospedeiro, tornando-o apropriado para a produção sustentada do gene (terapêutico).

b. Métodos não virais

- ***CRISPR-Cas9***: Um instrumento de edição de genes capaz de localizar e alterar com precisão determinadas sequências de ADN.

- ***Nanopartículas lipídicas***: Frequentemente utilizadas em tratamentos baseados no mRNA, podem encapsular o mRNA ou o DNA e transportá-lo para as células-alvo.

3. Exemplos de alvos terapêuticos na terapia génica

a, Fibrose cística

A mutação do gene CFTR é o alvo da fibrose cística. O objetivo da terapia genética é tratar a causa subjacente da doença através da entrega de uma cópia funcional do gene CFTR.

b. Hemofilia

Mutações nos genes que causam a hemofilia A (F8) ou a hemofilia B (F9). Para restabelecer a coagulação sanguínea adequada, a terapia genética fornece a versão correta destes genes.

c. Distrofia muscular

As mutações do gene DMD são o alvo. A administração de microdistrofina, uma forma encurtada mas funcional da proteína distrofina, é uma técnica de terapia genética.

d. Cancro

Alvo: Oncogenes específicos, como o EGFR no cancro do pulmão e o HER2 no cancro da mama. A proteína CD19 é o alvo da terapia com células CAR-T para os tumores malignos das células B.

4. Desafios e considerações éticas

- **Segurança**: Garantir que o tratamento genético ou celular não provoca efeitos adversos imprevistos, como respostas imunológicas ou o crescimento de malignidade.
- **Entrega:** Envio do gene ou das células para a parte adequada do corpo.
- **Custo:** Devido ao seu elevado custo, estes tratamentos podem não ser acessíveis a muitos doentes.
- **Preocupações éticas**: Dado que a terapia genética da linha germinal pode ter um impacto nas gerações futuras, existem muitas questões éticas.

6. ESCOLHA DO ALVO TERAPÊUTICO

A escolha do alvo terapêutico correto é um dos passos mais críticos no desenvolvimento de uma terapia genética bem sucedida. O gene, proteína ou via biológica exacta que causa a doença ou condição que tem de ser tratada é conhecido como o alvo terapêutico. A escolha deste alvo afecta a eficácia, a administração e a conceção da terapia. Seguem-se os factores envolvidos na escolha de um alvo terapêutico:

1. Compreender o mecanismo da doença

O primeiro passo para selecionar um alvo terapêutico é compreender profundamente o mecanismo da doença:

- **Base genética:** É importante determinar a(s) mutação(ões) genética(s) exacta(s) que causa(m) uma doença genética. Isto implica compreender como é que a mutação causa o fenótipo da doença (por exemplo, ganho ou perda de função). - **Fisiopatologia:** As proteínas ou vias que são activadas ou inibidas de forma inadequada podem ser objeto de investigação em doenças não genéticas como o cancro

2. Tipos de alvos terapêuticos

a. Genes

- **Genes mutantes:** O próprio gene mutante é frequentemente o foco do tratamento em doenças monogénicas. Por exemplo, o gene CFTR é o alvo na fibrose cística.

- **Genes de tipo selvagem:** Para melhorar a expressão ou a função de um gene, é ocasionalmente possível ter como alvo a forma de tipo selvagem (normal) do gene.

b. Proteínas

- **Proteínas sobre-expressas:** A sobreexpressão de determinadas proteínas é uma caraterística de várias doenças. Por exemplo, a HER2 está sobreexpressa em várias doenças malignas, o que a torna um alvo terapêutico.

- **Proteínas defeituosas:** A terapia génica pode ser utilizada para substituir ou corrigir uma proteína que se tornou não funcional em resultado de uma mutação genética.

c. Vias biológicas

- **Vias metabólicas:** A ativação de determinadas enzimas ou vias pode ajudar a restabelecer a função metabólica normal em casos de anomalias metabólicas.

- **Vias de transdução de sinais:** Pode ser útil visar as vias (como a via PI3K/AKT) que regulam o crescimento e a sobrevivência das células em doenças malignas.

3. Critérios de escolha de um alvo terapêutico

São considerados vários critérios na escolha de um alvo terapêutico:

a, Relevância para a doença: O objetivo tem de ter um papel direto no processo da doença. Por exemplo, uma vez que a principal causa da distrofia muscular de Duchenne é a falta de funcionamento da distrofina, é importante ter como alvo o gene da distrofina.
b. Acessibilidade: O agente terapêutico tem de ser capaz de atingir o alvo. Isto implica determinar se o método de entrega selecionado (por exemplo, vectores virais, nanopartículas lipídicas) pode atingir e modificar o gene, a proteína ou a via.
c. Especificidade: Para evitar efeitos fora do alvo, o alvo deve ser exclusivo das células ou tecidos doentes. O facto de visar proteínas sobre-expressas ou específicas das células tumorais, por exemplo, reduz a quantidade de danos causados às células saudáveis.
d. Eficiência: Deve haver uma vantagem terapêutica substancial na alteração do alvo. Por exemplo, a anemia falciforme pode ser tratada eficazmente através da retificação de uma única mutação pontual no gene da beta-globina.
e. Segurança: O facto de se visar um determinado gene ou via pode acarretar riscos que devem ser cuidadosamente considerados. É possível que alguns alvos tenham funções cruciais em células saudáveis, pelo que a sua alteração pode ter consequências inesperadas.

4. Viabilidade tecnológica

A escolha do alvo é também influenciada pela tecnologia disponível:

- **Sistemas de entrega:** A eficácia do mecanismo de entrega para chegar às células-alvo - como vectores virais ou nanopartículas - é essencial. Certas estratégias de entrega podem funcionar melhor nalguns alvos do que noutros.

- **Ferramentas de edição de genes:** A seleção de alvos pode ser influenciada pela precisão e fiabilidade de ferramentas como CRISPR-Cas9, TALENs ou nucleases de dedo de zinco.

7. VIAS DE ADMINISTRAÇÃO E SISTEMAS DE ENTREGA EM TERAPIA GÉNICA

Na terapia genética, a via de administração e o sistema de entrega são componentes críticos que determinam o sucesso do tratamento. Influenciam a eficácia com que o gene terapêutico atinge as células e os tecidos alvo, a sua expressão e o seu impacto global no doente.

1. Rotas de administração

A via de administração refere-se ao método pelo qual a terapia génica é administrada no organismo do doente. A escolha da via depende do tecido ou órgão alvo, do tipo de terapia genética que está a ser utilizada e da doença específica que está a ser tratada.

a. Injeção intravenosa (IV)

Neste procedimento, a terapia genética é injectada diretamente na corrente sanguínea.

- Caso de utilização: Quando o alvo está distribuído por todo o corpo, como no caso de doenças sistémicas (como a hemofilia), ou quando o alvo é o fígado ou os músculos, a injeção IV é frequentemente utilizada.

- Vantagens: O agente terapêutico pode ser amplamente distribuído, o que o torna adequado para administração sistémica.

- Dificuldades: Devido à ampla dispersão, existe a possibilidade de reacções imunológicas e efeitos fora do alvo.

b. Injeção intramuscular (IM)

O tecido muscular é imediatamente injetado com a terapia genética.

- Caso de utilização: Frequentemente utilizado para estabelecer a expressão sustentada de proteínas terapêuticas, administrar vacinas ou tratar distrofias musculares utilizando terapia genética.

- Vantagens: Os músculos podem ser expressos durante longos períodos de tempo devido ao seu elevado fornecimento de sangue e à facilidade de acesso.
- Dificuldades: Apenas entrega local, a menos que o produto genético terapêutico seja capaz de entrar na circulação através da secreção.

c. Injeção intratecal ou intraventricular

A terapia génica é efectuada por via intratecal (através do canal espinal) ou intraventricular (através dos ventrículos cerebrais) no líquido cefalorraquidiano (LCR).

- Caso de utilização: Utilizado para tratar doenças neurológicas, tais como certas doenças de armazenamento lisossómico e atrofia muscular espinal (AME).

- Benefícios: Acede diretamente ao sistema nervoso central (SNC), evitando a barreira hemato-encefálica.

- Dificuldades: processo invasivo que pode causar danos ou infecções.

d. Injeção intratumoral ou intralesional

Um tumor ou lesão é diretamente injetado com um agente de terapia genética.

- Caso de utilização: Na terapia genética do cancro, em que o objetivo é matar diretamente as células cancerígenas ou desencadear uma resposta imunitária.

-Vantagens: Redução da exposição sistémica e elevada concentração local.

- Dificuldades: Pode não ser capaz de curar metástases e restringe-se a doenças malignas que podem ser obtidas.

e. Injeção intraocular

A terapia genética é administrada no líquido vítreo ou na região sub-retiniana do olho.

- Caso de utilização: Utilizado no tratamento de doenças hereditárias da retina, incluindo a amaurose congénita de Leber.

- Vantagens: Menor exposição sistémica e distribuição direta às células da retina.

- Dificuldades: Pode causar danos nos tecidos oculares sensíveis; a administração exige precisão.

f. Via oral ou por inalação

A terapia genética é administrada por via oral ou por inalação pulmonar.

- Caso de utilização: Exame de doenças dos sistemas gastrointestinal ou respiratório (como a fibrose quística).

- Vantagens: Comodidade para o paciente e não-invasividade. - Dificuldades: Eficácia reduzida e dificuldades em garantir que o gene terapêutico chega às células pretendidas.

2. Sistemas de entrega

Os sistemas de entrega em terapia génica são os veículos que transportam o gene terapêutico para as células alvo. A escolha do sistema de entrega depende de factores como o tamanho do gene, o tecido alvo e a duração necessária da expressão do gene.

a. Vectores virais

Os vectores virais são muito eficazes no transporte de informação genética para as células e são os veículos de entrega mais utilizados na terapia genética.

1. Vírus Adeno-Associado (AAV): Este pequeno vírus não patogénico pode infetar células que se estão a dividir, bem como as que não estão.
Caso de utilização: Comumente empregado em tratamentos genéticos para problemas hepáticos, doenças oculares e distrofias musculares.
Vantagens: Excelente especificidade, imunogenicidade mínima e expressão prolongada.
Obstáculos: A capacidade de carga de 4,7 kb é limitada e alguns pacientes já têm imunidade.

2. lentivírus: Um tipo de retrovírus que permite a expressão a longo prazo é o lentivírus, que se integra no ADN do hospedeiro.
Caso de utilização: No cancro, no VIH e nas doenças do sangue, incluindo as terapias da beta-talassemia.
Benefícios : Expressão a longo prazo, integração fiável e capacidade de transportar genes maiores (~8 kb).
Dificuldades: Embora as gerações recentes tenham diminuído este perigo, a mutagénese insercional continua a ser uma possibilidade.

3. Adenovírus: Um vírus que não se integra e tem a capacidade de transportar cargas genéticas substanciais.
Caso de utilização: Em vacinas e na terapia genética do cancro.
Vantagens: Aproximadamente 36 kb de capacidade de carga útil e alta eficiência de transdução.
Dificuldades: Elevada imunogenicidade, expressão esporádica e propensão para desencadear reacções inflamatórias.

4. ***Vírus Herpes Simplex (HSV) :*** Um vírus que transporta genes para o sistema neurológico e tem um genoma enorme.
Caso de utilização: O cancro e os problemas neurológicos estão a ser estudados.
Vantagens: Elevada capacidade de carga e afinidade inata com as células neurais.
Dificuldades: Resposta imunitária; potencial de recorrência viral latente.

b. Métodos não virais

Os sistemas de entrega não virais são geralmente mais seguros e podem ser utilizados para uma gama mais vasta de aplicações, embora sejam normalmente menos eficientes do que os vectores virais.

1. ***LNPs, ou nanopartículas lipofílicas***: Transportadores à base de lípidos que ajudam o ARNm ou o ADN a entrar nas células, envolvendo-os.

Caso de utilização: Frequentemente utilizado em tratamentos de edição de genes e vacinas de mRNA.

As vantagens incluem a não imunogenicidade, o fabrico em escala e a capacidade de atingir determinados órgãos, como o fígado.
Dificuldades: Problemas de estabilidade e menor eficácia

2. ***Electroporação:*** Um método em que são feitos buracos transitórios nas membranas celulares com impulsos eléctricos, permitindo a passagem do ADN.
Caso de utilização: Edição de genes e imunoterapia

para o cancro.
Vantagens: Possibilidade de utilização ex vivo, elevada eficiência em aplicações específicas.
Dificuldades: Pode danificar as células, mas apenas em determinadas áreas.

3. Nanopartículas de polímeros: O material genético é fornecido e encapsulado utilizando polímeros sintéticos.
Caso de utilização: A edição de genes, as vacinas e as terapias contra o cancro estão a ser investigadas.
As vantagens incluem a biocompatibilidade, as possibilidades de entrega à medida e as caraterísticas ajustáveis.
Dificuldades: Alguns polímeros podem ser venenosos e a eficiência é menor.
4. Injeção direta de ADN plasmídico: O ADN não adulterado é injetado nos tecidos.
Caso de utilização: Investigação em tratamentos genéticos para a pele e os músculos.
Vantagens: fácil de utilizar, a um preço razoável e sem imunogénios.
Dificuldades: Limitado a certas aplicações, expressão transitória, baixa eficiência.

5. Biolística Gene Gun: Um aparelho que injecta partículas de ouro ou tungsténio revestidas com ADN nas células.
Caso de utilização: Na investigação experimental e na terapia genética de plantas.
Vantagens: Sem componentes virais, distribuição direta às células-alvo.
Dificuldades: Restringe-se às células de superfície; pode provocar danos nos tecidos.

8. EXPRESSÃO DE UM TRANSGENE

A transgénese envolve a inserção de um transgene e pode alterar o fenótipo de um organismo. Um transgene é uma secção de ADN que foi extraída de uma criatura e inserida noutra, transportando uma sequência genética. Este fragmento de ADN não nativo pode alterar a função habitual do código genético do organismo transgénico ou preservar a capacidade do organismo transgénico para criar ARN ou proteínas. Normalmente, o ADN é integrado na linha germinal do organismo. A criação de um transgene requer a reunião de muitos componentes-chave. Uma sequência de paragem, um exão, uma sequência codificadora da proteína (frequentemente obtida a partir do cDNA da proteína de interesse), um promotor - uma região reguladora que controla onde e quando o transgene está ativo - e um exão são componentes necessários de um transgene. Normalmente, são montados num plasmídeo bacteriano e os transgenes com funções previamente identificadas são utilizados para escolher as sequências de codificação.

A expressão de um transgene refere-se ao processo pelo qual um gene estranho (transgene) introduzido no genoma de um organismo é transcrito e traduzido, resultando na produção de uma proteína ou ARN específico. Este processo envolve várias etapas fundamentais:

1. **Introdução do transgene:** O transgene é introduzido no genoma do organismo hospedeiro utilizando uma variedade de abordagens, incluindo tecnologias de edição de genes como CRISPR/Cas9, vectores virais e microinjecção.
2. **Integração no genoma:** De forma aleatória ou num local pré-determinado, o transgene é incorporado no ADN do hospedeiro. Se o organismo se reproduzir, esta integração permite que o transgene seja transmitido às gerações seguintes.
3. **Transcrição**: O transgene é traduzido em ARN mensageiro (ARNm), um passo entre as criações de proteínas, pela maquinaria celular do hospedeiro. A região promotora do

transgene é uma sequência de ADN que regula o momento e a localização da transcrição do transgene.

4. **Tradução:** Os ribossomas da célula hospedeira convertem subsequentemente o mRNA que o transgénico criou numa proteína. O organismo pode então utilizar esta proteína para realizar o objetivo pretendido.
5. **Regulação:** O controlo transcricional, pós-transcricional e translacional são as três principais formas de gerir a expressão do transgene. A sequência precisa do transgene, os elementos potenciadores e a seleção do promotor podem afetar o nível de expressão do transgene e a sua especificidade tecidular.
6. **Deteção e análise:** Utilizando uma variedade de métodos, incluindo ensaios de repórteres, Western blotting (para proteínas), RT-PCR (PCR de transcrição reversa) e reação em cadeia da polimerase, os cientistas podem rastrear e quantificar a expressão de transgenes.

A aplicação de transgenes revolucionou vários campos, incluindo a agricultura, a medicina, a investigação e a biotecnologia industrial. Eis algumas das áreas em que os transgénicos são aplicados:

1. **Agricultura:**
   - *Culturas geneticamente modificadas (GM):* Os transgénicos são utilizados para produzir culturas com caraterísticas melhoradas, tais como maior valor nutricional ou resistência a doenças, pragas e herbicidas. A fim de reduzir a necessidade de pesticidas químicos, as culturas Bt, por exemplo, incluem um transgene do *Bacillus thuringiensis* que gera uma proteína mortal para determinados insectos. - *Aumento da tolerância ao stress e do rendimento:* As culturas transgénicas podem ser modificadas para crescerem mais rapidamente, produzirem mais face a adversidades (como a salinidade ou a seca), ou ambas. - *Aumento do valor nutricional:* Os transgénicos podem ser utilizados para

suplementar as culturas com os nutrientes necessários. Um exemplo disto é a criação do Arroz Dourado, que é melhorado com precursores de vitamina A para ajudar a prevenir a deficiência de vitamina A.

2. **Investigação:**
   - *Organismos modelo:* Os transgénicos são inseridos em modelos de doenças humanas, processos de desenvolvimento ou função dos genes, como a mosca da fruta, o rato ou o peixe-zebra. Os modelos transgénicos com alelos knock-in e knock-out são essenciais para examinar as funções de certos genes na fisiologia e na doença. - *Genes de repetição:* Os investigadores podem ver e medir padrões de expressão de genes em seres vivos utilizando sistemas transgénicos repórteres, nos quais um gene que produz um marcador detetável (como o GFP ou a luciferase) está ligado a um gene de interesse.

3. **Biotecnologia industrial:**
   - *Bioremediação:* Através da engenharia de organismos transgénicos para decompor contaminantes ambientais, como metais pesados ou derrames de petróleo, os ecossistemas danificados podem ser limpos de forma mais eficaz. - *Produção de biocombustíveis:* Os micróbios transgénicos podem ser modificados para fabricar mais eficazmente biocombustíveis a partir de biomassa renovável, como o etanol ou o biodiesel, ajudando no desenvolvimento de fontes de energia sustentáveis.
   - *Produção de enzimas:* As enzimas industriais são produzidas por organismos transgénicos e utilizadas no processamento de alimentos, detergentes, papel e outros sectores.

4. **Medicina:**

   - *Terapia genética:* Para tratar doenças ou retificar defeitos genéticos, são inseridos transgenes nas células dos doentes. Por exemplo, uma cópia funcional do gene CFTR pode ser administrada a células de doentes com fibrose quística para as ajudar a voltar a funcionar normalmente. - *Produção de proteínas terapêuticas:* As proteínas humanas, incluindo a insulina, os factores de coagulação e os anticorpos monoclonais, que são utilizados para tratar uma variedade de doenças, podem ser produzidas por animais ou células transgénicas. - *Desenvolvimento de vacinas:* Um transgene que codifica um antigénio de um agente patogénico é expresso em células hospedeiras para desencadear uma resposta imunitária. Esta técnica pode ser utilizada para desenvolver vacinas.

5. **Criação de animais:**
   - *Melhoria das qualidades dos animais:* As qualidades desejáveis, como o crescimento acelerado, a resistência a doenças ou o aumento da produção de leite, podem ser desenvolvidas em animais transgénicos. Para fórmulas infantis, por exemplo, as vacas transgénicas foram criadas para fornecer leite com concentrações elevadas de determinadas proteínas.

6. **Farmácia:**
   - *Produção Biofarmacêutica:* Os medicamentos são produzidos no leite, ovos ou sangue de animais transgénicos, como galinhas, cabras ou vacas. As proteínas farmacêuticas podem ser produzidas em grandes quantidades utilizando uma técnica chamada "pharming" que é menos dispendiosa do que a utilização de técnicas convencionais de cultura de células.

7. **Conservação do ambiente:**
   - Conservação de espécies ameaçadas de extinção: Os transgénicos podem ser utilizados para melhorar a diversidade genética ou conferir resistência a doenças que ameaçam a sobrevivência de populações de espécies ameaçadas.

9. PERSISTÊNCIA DA TERAPIA GÉNICA

A persistência da terapia génica refere-se ao tempo que os efeitos terapêuticos dos genes introduzidos duram no organismo do doente. Este é um fator crítico para determinar o sucesso a longo prazo da terapia genética.

1. Tipo de terapia génica:

- **Vectores integradores vs. não integradores:**

  Vectores de integração: Certos vectores virais, como os lentivírus e os retrovírus, incorporam o gene terapêutico diretamente no ADN da célula hospedeira. Isto pode resultar na expressão do gene durante um longo período ou possivelmente para sempre, porque o gene é duplicado cada vez que uma célula se divide.
  Vectores não integradores: Os adenovírus e os vírus adeno-associados (AAV) são exemplos de vectores não-integrantes que não se integram no genoma. Em vez disso, transferem o gene terapêutico numa forma epissomal, que é distinta dos cromossomas do hospedeiro. Embora isto possa levar a uma expressão genética prolongada, esta é frequentemente transitória, particularmente em células que se dividem rapidamente.

1. **Tipo de célula visada:**
   - *Células de longa duração:* Uma vez que as células de longa duração, como os neurónios ou as células musculares, não proliferam regularmente, a terapia genética dirigida a elas pode ter benefícios duradouros. Isto reduz a possibilidade de perda gradual do gene terapêutico.
   - *Células que se dividem rapidamente:* Por outro lado, a terapia genética dirigida a células que se dividem rapidamente (como as células sanguíneas ou epiteliais) pode eventualmente causar a diluição ou perda do gene terapêutico, especialmente quando são utilizados vectores não integradores.

2. **Desenho Vetorial e Dose:**
   - *Estabilidade do vetor:* O período de tempo durante o qual o gene terapêutico é expresso é influenciado pela conceção do vetor, que inclui a seleção do promotor, a presença de elementos reguladores e a estabilidade do vetor. A expressão do gene pode ser mantida durante mais tempo quando os vectores são estáveis e bem concebidos. - *Dosagem:* A quantidade de vetor administrada também tem um efeito na persistência. Doses maiores aumentam a possibilidade de uma reação imunológica, mas podem também resultar numa expressão genética mais robusta.

3. **Resposta imunitária:**
   - *Reconhecimento do sistema imunitário:* Se o sistema imunitário do organismo considerar as proteínas terapêuticas ou os vectores inseridos como estranhos, pode lançar um ataque contra eles. Isto pode resultar na eliminação do gene terapêutico ou das células que o expressam, o que encurtaria a duração da terapia. - *Imunomodulação:* Ao diminuir a depuração imunomediada, podem ser utilizadas técnicas como medicamentos imunossupressores ou a alteração dos vectores virais para iludir a deteção imunológica, a fim de aumentar a durabilidade da terapia genética.

4. **Controlo da expressão dos genes:**
   - *Seleção do promotor e elementos reguladores:* A sequência de ADN que regula a expressão do gene, ou promotor, tem um grande impacto na longevidade da expressão do gene terapêutico. Dependendo dos requisitos da terapia, certos promotores podem resultar numa expressão mais forte e duradoura, enquanto outros podem levar a uma expressão mais efémera. - *Sistemas reguláveis:* Os promotores induzíveis são um tipo de sistema utilizado em vários tratamentos genéticos que permite o controlo

da expressão genética após a entrega.

5. **Avanços na persistência:**
   - *Tecnologias de edição do genoma:* Especialmente no caso de doenças genéticas hereditárias, métodos como o CRISPR-Cas9 podem alterar permanentemente o ADN das células visadas, proporcionando potencialmente um impacto terapêutico que dura toda a vida. - *Vectores melhorados:* A investigação atual esforça-se por criar vectores mais avançados que possam contornar o sistema imunitário e transferir genes de forma mais eficiente, aumentando assim a probabilidade de uma expressão genética duradoura.

6. **Implicações clínicas:**
   - *Situações crónicas:* A persistência é essencial para situações em que é necessária uma expressão genética a longo prazo ou permanente. Nestas situações, as técnicas de edição de genes são geralmente preferidas. - *Situações agudas:* Podem ser utilizados vectores não integradores e a persistência pode não ser uma preocupação tão grande quando a expressão genética transitória é adequada ou desejável.

7. **Considerações de segurança:**
   - *Potencial de mutagénese de inserção:* Embora os vectores de integração possam proporcionar uma persistência a longo prazo, existe a possibilidade de a inserção do gene terapêutico causar a disrupção de outros genes no genoma, o que pode resultar em cancro. Para reduzir este perigo, é necessário um rastreio cuidadoso. - *Controlo dos genes persistentes:* Para evitar consequências negativas, como a toxicidade decorrente da sobre-expressão da proteína terapêutica, a expressão dos genes persistentes tem de ser rigorosamente controlada.

O tipo de vetor utilizado, as células alvo, a resposta imunitária do doente e a conceção do gene terapêutico são algumas das variáveis que afectam a duração da terapia genética. O segredo do sucesso da terapia genética é encontrar o equilíbrio correto entre segurança e persistência, e a investigação contínua está a ajudar a melhorar e a prolongar a eficácia.

10. SELECÇÃO DE CÉLULAS

O direcionamento celular refere-se à administração precisa de agentes terapêuticos - tais como medicamentos, genes ou células modificadas - a determinados tipos de células do organismo. Para que as terapias sejam tão bem sucedidas quanto possível, limitando os efeitos adversos, a exatidão é essencial.

- **Mecanismos de seleção de células:**

Interações ligando-recetor: Tirar partido de certas interações ligando-recetor é uma das estratégias mais populares para o direcionamento das células. O objetivo dos medicamentos terapêuticos é ligarem-se a receptores de superfície celular alvo que estejam sobre-expressos ou sejam únicos. Os anticorpos, por exemplo, podem ser geneticamente modificados para identificar determinados antigénios nas células cancerosas.

Marcadores de superfície: É possível ter como alvo as proteínas ou marcadores de superfície distintos que estão presentes nas células. Por exemplo, tratamentos como as células CAR-T podem ser concebidos para visar especificamente as células que expressam CD19, um marcador presente nas células B.

Direcionamento físico: Certos tratamentos, como o efeito de permeabilidade e retenção aumentadas (EPR) nos cancros, utilizam caraterísticas físicas das partículas, como o tamanho ou a forma, para se concentrarem preferencialmente em determinados tecidos.

Accionadores ambientais: Para restringir a terapia ao local pretendido, as terapias podem ser concebidas para ativar ou libertar a sua carga útil apenas em microambientes específicos, como o ambiente ácido dos tumores.

- **Aplicações do Cell Targeting:**

Terapia do cancro: O tratamento do cancro é uma das utilizações mais sofisticadas e comuns da segmentação celular. Os tratamentos dirigidos podem visar especificamente as células cancerígenas sem prejudicar os tecidos saudáveis. Os anticorpos monoclonais, os conjugados anticorpo-fármaco (ADC) e os tratamentos com células CAR-T são alguns exemplos.
Terapia genética: Esta técnica reduz a possibilidade de efeitos fora do alvo através da administração cuidadosa de genes a tipos de células específicos. Isto assegura que apenas as células adequadas apresentam o gene terapêutico.
Doenças auto-imunes: Doenças como a esclerose múltipla e a artrite reumatoide podem ser tratadas concentrando-se nas células imunitárias que visam involuntariamente os tecidos do próprio organismo.

Doenças Infecciosas: Para impedir a propagação da infeção e minimizar os danos nas células saudáveis, podem ser criadas terapias que visam seletivamente os agentes patogénicos ou as células infectadas.

- **Desafios na seleção de células:**

Efeitos fora do alvo: Pode ser difícil garantir que o tratamento atinge apenas as células visadas. Os resultados indesejados dos efeitos fora do alvo podem incluir danos nas células saudáveis.
Eficiência de entrega: Pode ser difícil transferir eficazmente o fármaco terapêutico para as células-alvo, especialmente em tecidos profundos ou de difícil acesso. Para melhorar este aspeto, está a ser explorada uma variedade de técnicas de administração, como vectores virais ou nanopartículas.
Resistência: As células-alvo podem alterar os seus marcadores de superfície ou vias de sinalização para evitar a sua identificação, como forma de desenvolver resistência à terapêutica ao longo do tempo.

Imunogenicidade: As moléculas-alvo (como os anticorpos ou os vectores virais) podem ser destruídas antes de atingirem o seu alvo se o sistema imunitário as considerar estranhas.

- **Avanços recentes:**

CRISPR-Cas9 e edição de genes: Os desenvolvimentos no CRISPR-Cas9 e noutras tecnologias de edição de genes permitem uma seleção e alteração precisas dos genes nas células-alvo.
Nanotecnologia: Os fármacos ou os genes podem ser administrados diretamente a determinados tipos de células utilizando nanopartículas, melhorando a precisão do alvo e minimizando os efeitos adversos.
Anticorpos biespecíficos: Estes anticorpos podem ligar-se a uma célula-alvo e a uma célula efectora (como uma célula T) ao mesmo tempo, porque têm dois

locais de ligação. Isto ajuda a reforçar a resposta imunitária contra a célula-alvo.

11. RESPOSTA IMUNOLÓGICA À TERAPÊUTICA

A interação entre o sistema imunitário e o agente terapêutico é um processo complexo que resulta numa resposta imunológica à terapêutica, especialmente quando estão envolvidas terapêuticas como a imunoterapia ou a vacinação. Em domínios como o cancro, as doenças infecciosas e as doenças auto-imunes, a compreensão desta resposta é absolutamente essencial.

1. **Tipos de imunidade:**
   Imunidade inata: A primeira linha de defesa do organismo, reage às infecções de forma instantânea e não específica. Envolve o sistema do complemento, as células assassinas naturais, as células fagocíticas e as barreiras físicas (como a pele).
   Imunidade adaptativa: Uma resposta imunitária que é mais duradoura e direcionada. Envolve células B (imunidade humoral) e células T (imunidade mediada por células), que identificam determinados antigénios e armazenam informações para reacções de retaliação no futuro.
2. **Terapias que envolvem respostas imunológicas:**
   Vacinação: Este método inclui a administração de um antigénio para desencadear o desenvolvimento de células de memória pelo sistema imunitário.
   Imunoterapia: Uma intervenção médica que reforça ou enfraquece a capacidade do sistema imunitário para combater infecções.
   Anticorpos monoclonais: Compostos artificiais que podem assemelhar-se à forma como o sistema imunitário ataca as células, nomeadamente as células cancerígenas.

Terapia com citocinas: Modifica as respostas imunitárias através da administração de citocinas.

3. Mecanismo das reacções imunológicas:

a. Reconhecimento e apresentação de antigénios:

Células apresentadoras de antigénios (APCs): As células B, os macrófagos e as células dendríticas absorvem o agente terapêutico (como um antigénio tumoral ou um antigénio de vacina) e processam-no de forma a que as moléculas do complexo principal de histocompatibilidade (MHC) sejam apresentadas na sua superfície. Ativação das células T: Utilizando os seus receptores de células T (TCRs), as células T naive identificam estes antigénios que são apresentados por moléculas MHC. As células T são activadas por este contacto, para além dos sinais co-estimulatórios.

b. Expansão clonal:

Após a ativação, as células T multiplicam-se para atingir o antigénio específico através de um processo conhecido como expansão clonal. Este processo é essencial para a formação de uma resposta imunológica poderosa.

c. Diferenciação e função efectora:

Células T auxiliares (CD4+): Estas células podem desenvolver-se em subgrupos (Th1, Th2, Th17, etc.) e libertar citocinas que ajudam na ativação das células B e das células T citotóxicas, entre outras células imunitárias. Células T citotóxicas (CD8+): Ao identificar antigénios nas moléculas MHC de classe I, estas células atacam diretamente as células malignas ou infectadas. As células T auxiliares facilitam a ativação das células B, que se desenvolvem em células plasmáticas que produzem anticorpos específicos para os antigénios.

d. Produção de anticorpos:

Neutralização: As toxinas ou os agentes patogénicos são neutralizados pela ligação de anticorpos. Opsonização: Os agentes patogénicos são revestidos com anticorpos para facilitar a fagocitose. Ativação do complemento: A lise do agente patogénico resulta da ativação do sistema de complemento pelos anticorpos.

e. Resposta da memória:

As células T e B de memória desenvolvem-se após a primeira reação. Quando o mesmo antigénio é novamente exposto a estas células, que permanecem no corpo durante anos, as células reagem de forma mais rápida e eficiente.

4. Respostas imunitárias específicas da terapêutica:

a. Imunoterapia do cancro:
Inibidores do ponto de controlo: Medicamentos como os inibidores PD-1/PD-L1 libertam as células T das vias inibitórias, aumentando a sua capacidade de atingir as células cancerígenas. Os receptores de antigénios quiméricos, ou CAR, são expressos por células T geneticamente modificadas para atingir e destruir células cancerígenas específicas. **b. Imunidade induzida por imunização**: As vacinas imitam as infecções do mundo real, desencadeando as defesas do organismo para montar uma defesa primária e

uma memória imunológica sem causar realmente a doença. Ao fazê-lo, o sistema imunitário fica preparado para os próximos encontros com o agente patogénico real.

c, Supressão imunitária: Nas doenças auto-imunes, os tratamentos podem tentar reduzir a atividade do sistema imunitário para impedir o organismo de atacar os seus próprios tecidos.
Indução de tolerância: Para diminuir as respostas auto-imunes, estão a ser explorados métodos para treinar o sistema imunitário a tolerar os auto-antigénios.

5. Efeitos e desafios:

Síndrome de libertação de citocinas (SRC): Frequentemente associada ao tratamento com células CAR-T, esta reação inflamatória sistémica aguda é provocada pela libertação súbita de citocinas pelas células imunitárias. Eventos adversos relacionados com a imunidade (irAEs): Como resultado da hiperatividade do sistema imunitário, os inibidores podem induzir inflamação.
Resistência: Podem surgir cancros ou infecções resistentes à imunoterapia, o que exige a criação de novas abordagens para resolver este problema.

6. Reforço e monitorização das respostas imunológicas:

Biomarcadores: O rastreio de biomarcadores ligados ao sistema imunitário pode ajudar a antecipar os resultados do tratamento e a detetar eventuais efeitos negativos. Terapias combinadas: Ao combinar várias abordagens terapêuticas, como a radiação e os inibidores do ponto de controlo, é possível melhorar o sistema imunitário como um todo.

12. QUESTÕES ÉTICAS E JURÍDICAS DA TERAPIA GÉNICA

A terapia génica, que envolve a modificação dos genes de um indivíduo para tratar ou prevenir doenças, apresenta uma série de questões éticas e jurídicas devido às suas profundas implicações para os indivíduos, as gerações futuras e a sociedade. As principais questões éticas da terapia genética envolvem:

- A terapia genética tem o potencial de causar danos devido a resultados imprevistos, incluindo mutações fora do alvo, particularmente quando envolve a edição do genoma. A compreensão incompleta dos efeitos a longo prazo da terapia genética suscita preocupações relativamente à segurança dos doentes.

- Pode ser difícil obter uma autorização informada para a terapia genética, especialmente porque muitos destes tratamentos são experimentais e podem ter implicações a longo prazo não identificadas. Os pacientes precisam de ser devidamente informados sobre os perigos, as vantagens e as incertezas do tratamento.
- Tendo como alvo células não reprodutivas, a terapia genética somática tem um efeito exclusivamente na pessoa tratada. Pelo contrário, a terapia genética germinal modifica o ADN das células reprodutivas, de modo a que as alterações possam ser herdadas pelas gerações seguintes. Esta prática levanta questões éticas importantes relativamente aos efeitos a longo prazo da terapia genética no património genético humano, à possibilidade de resultados imprevistos e à moralidade de alterar irrevogavelmente as gerações futuras.

- Devido ao seu elevado custo, a terapia génica pode estar disponível apenas para pessoas de países ricos ou com meios financeiros substanciais. A equidade e a possibilidade de agravamento das desigualdades em matéria de saúde entre as várias classes socioeconómicas e áreas geográficas são questões éticas que se colocam neste contexto.

- Do ponto de vista ético, é controverso estabelecer uma fronteira entre as intervenções terapêuticas - que incluem a cura ou a prevenção de doenças - e o melhoramento - que envolve o aumento das qualidades ou talentos de uma pessoa para além do que é considerado normal. A terapia genética tem suscitado preocupações, uma vez que pode ser utilizada para fins não médicos, como o aumento da inteligência, a melhoria das capacidades físicas ou a alteração da aparência. Isto pode resultar em pressão social e desigualdade.

- A terapia genética pode levar ao determinismo genético - a ideia de que as qualidades e acções de uma pessoa são exclusivamente determinadas pelos seus genes - e a uma perspetiva reducionista que vê as pessoas como nada mais do que a soma dos seus genes. O reconhecimento da importância dos elementos sociais, culturais e pessoais na formação da identidade pode ser comprometido por este ponto de vista.
- Quando se trata de terapia genética germinal, as decisões tomadas pelos nossos antepassados têm um impacto não intencional nas gerações futuras. Este facto põe em causa a moralidade de alterar o ADN humano de forma irreversível para benefício das gerações futuras.

- A tecnologia da terapia genética pode ser utilizada de forma abusiva para produzir "bebés de design" ou para praticar a eugenia, que consiste na seleção das caraterísticas desejadas e na erradicação das indesejadas. As ramificações éticas da escolha ou criação de caraterísticas particulares são postas em causa por este potencial abuso, que pode resultar no aparecimento de novos tipos de discriminação e divisão social.

- A terapia genética pode ter efeitos psicossociais substanciais nos doentes e nas suas famílias, tais como tensão psicológica, alteração da dinâmica familiar e o estigma associado às doenças hereditárias. Garantir que os doentes são apoiados durante os efeitos psicológicos da terapia genética representa um dilema ético.

- Com o objetivo de erradicar certas doenças genéticas, a terapia genética pode ser entendida como uma diminuição do valor da vida das pessoas que delas sofrem, levantando questões éticas relativas à variedade e às ramificações sociais da definição do que é considerado uma existência "normal" ou "saudável".

Questões jurídicas

- A terapia genética utiliza tecnologia sofisticada e de ponta, pelo que, para garantir a eficácia e a segurança, são necessários testes exaustivos. Os regulamentos e os procedimentos de aprovação dos produtos da terapia genética foram estabelecidos pelas agências reguladoras, incluindo a Agência Europeia de Medicamentos (EMA), a Food and Drug Administration (FDA) nos Estados Unidos, entre outras.

- A criação de abordagens inovadoras, estratégias e construções genéticas patenteáveis é uma componente da terapia genética. No entanto, o registo de patentes de genes e de tecnologias de edição de genes (como o CRISPR) tem levantado problemas jurídicos e éticos substanciais.

- Tal como outros procedimentos médicos, a terapia genética requer uma autorização informada ao abrigo da lei. Antes de autorizarem o tratamento, os doentes devem ser devidamente informados sobre a natureza experimental da terapia genética, bem como sobre os possíveis perigos, vantagens e alternativas.

- A terapia genética apresenta uma série de riscos, incluindo efeitos secundários imprevistos. Determinar quem é responsável por um problema - fabricantes, profissionais médicos ou investigadores - levanta questões jurídicas.

- Por ter impacto nas gerações futuras, a terapia genética da linha germinal - que inclui a alteração do ADN de embriões, óvulos ou espermatozóides - é especialmente controversa. Uma vez que a edição da linha germinal carece da autorização das gerações futuras e suscita preocupações éticas sobre os efeitos a longo prazo, os quadros legais de muitos países proíbem-na ou controlam-na rigorosamente.

- O acesso à terapia genética suscita preocupações jurídicas significativas, especialmente no que respeita à equidade dos cuidados de saúde. Dado o elevado custo da terapia génica, existem preocupações jurídicas sobre se e como deve ser disponibilizada a determinados grupos.

- A terapia génica apresenta sérias questões jurídicas quando é utilizada para melhorar e não para tratar doenças, como é o caso da melhoria das capacidades cognitivas ou físicas. A possibilidade de utilização para fins de melhoramento desenvolve uma área jurídica cinzenta, e vários quadros legislativos concentram-se atualmente em fins medicinais.

- A recolha e a utilização de dados genéticos sensíveis na terapia genética levantam problemas significativos de privacidade. A proteção, a partilha e o armazenamento destes dados devem ser abrangidos por quadros jurídicos.

- É necessária uma monitorização ética rigorosa para verificar se a investigação em terapia genética cumpre os requisitos legais e éticos. Quando se trata de regulamentar os ensaios clínicos e a investigação em terapia genética, os conselhos de revisão institucional, ou IRBs, são essenciais.

- As questões jurídicas são levantadas pelo possível abuso da terapia genética, como a edição de genes não aprovada ou ilícita. As leis penais podem ser utilizadas para impedir ou penalizar técnicas de terapia génica pouco éticas, incluindo a criação de "bebés de design" ou a edição ilegal da linha germinal.

- A natureza transnacional da investigação e das aplicações da terapia genética coloca um obstáculo à harmonização das leis. As variações nos sistemas jurídicos nacionais podem dificultar a realização de ensaios clínicos, a colaboração em projectos de investigação e a aprovação de tratamentos genéticos.

13. PREOCUPAÇÕES COM A TERAPIA GENÉTICA E CELULAR

As áreas médicas inovadoras, como os tratamentos genéticos e celulares, têm o poder de tratar e até curar uma grande variedade de doenças. No entanto, existem várias preocupações associadas a estas terapias:

1. **Riscos de segurança**

   Mutagénese de inserção: Quando novos genes são inseridos no genoma durante a terapia genética, os genes pré-existentes podem ser interrompidos, o que pode resultar em oncogénese, a produção de cancro.

   Reacções imunitárias: O corpo pode sofrer reacções imunológicas quando são introduzidos genes ou células alterados, o que pode resultar em danos nos órgãos, inflamação ou outros efeitos adversos graves.

   Efeitos fora do alvo: O CRISPR-Cas9 e outras técnicas de edição de genes têm o potencial de modificar inadvertidamente a região incorrecta do ADN, resultando em modificações indesejadas que podem causar novas doenças como o cancro.

2. **Eficácia e monitorização a longo prazo**

   Longevidade incerta: A duração dos efeitos da terapia genética e celular é desconhecida. Certas terapias podem necessitar de intervenções frequentes ou de monitorização ao longo da vida.

   Desafios regulamentares: Devido à novidade destes tratamentos, os quadros regulamentares ainda estão a ser desenvolvidos, o que torna difícil garantir requisitos de segurança e eficácia uniformes para além das fronteiras nacionais.

3. **Preocupações éticas**

   Equidade e acesso: Estes medicamentos agravam a desigualdade social, uma vez que são frequentemente dispendiosos e podem estar disponíveis apenas para os ricos.

   Consentimento e autonomia: Como a ciência subjacente a estas terapias é complicada, pode ser difícil para os doentes compreenderem completamente os riscos, os benefícios e as ramificações a longo prazo antes de as receberem. *Edição da linha germinativa:* Esta técnica envolve a alteração do ADN de óvulos, espermatozóides ou embriões. Pode ter consequências hereditárias, o que levanta questões éticas em relação aos bebés de design, à permissão das gerações futuras e às possíveis implicações a longo prazo no património genético humano.

4. Preocupações económicas

Custos elevados: A investigação e o fabrico de tratamentos genéticos e celulares são muito dispendiosos, o que faz aumentar os custos dos doentes e sobrecarrega os sistemas de saúde. *Dinâmica do mercado:* A comercialização vigorosa e a pressão para aprovar medicamentos sem provas adequadas de segurança a longo prazo podem ser motivadas pela perspetiva de mercados lucrativos.

5. Impacto social

Perceção da população: As ideias erradas ou a ansiedade em relação aos tratamentos genéticos e celulares podem causar oposição entre a população em geral, o que pode impedir o avanço da investigação e do desenvolvimento. *Riscos associados ao bioterrorismo:* A mesma tecnologia que torna possível os tratamentos genéticos e celulares pode também ser utilizada para produzir armas mortais perigosas.

CAPÍTULO 3: VECTORES NA TERAPIA GENÉTICA: DA CONCEPÇÃO À ADMINISTRAÇÃO

A terapia génica é uma tecnologia médica que tem como objetivo produzir um efeito terapêutico através da manipulação da expressão genética ou da alteração das propriedades biológicas das células vivas. A primeira tentativa de modificação do ADN humano foi realizada em 1980, por Martin Cline, mas a primeira transferência nuclear de genes com sucesso em humanos, aprovada pelo National Institutes of Health, foi realizada em maio de 1989. A primeira utilização terapêutica da transferência de genes, bem como a primeira inserção direta de ADN humano no genoma nuclear, foi realizada por French Anderson num ensaio que teve início em setembro de 1990. Entre 1989 e dezembro de 2018, foram realizados mais de 2.900 ensaios clínicos, mais de metade dos quais em fase

O Gendicine tornou-se a primeira terapia genética a receber aprovação regulamentar. Desde essa altura, foram aprovados outros medicamentos de terapia genética, como o Glybera (2012), o Strim- velis (2016), o Kymriah (2017), o Luxturna (2017), o Onpattro (2018), o Zolgensma (2019), o Abecma (2021), o Adstiladrin, o Roctavian e o Hemgenix (2022).

1. VECTORES NA TERAPIA GENÉTICA

A introdução de ADN nas células pode ser efectuada por vários métodos. As duas principais classes são os vírus recombinantes (por vezes designados por nanopartículas biológicas ou vectores virais) e o ADN nu ou os complexos de ADN (métodos não virais).

Vírus

Para se replicarem, os vírus introduzem o seu material genético na célula hospedeira, enganando a maquinaria celular do hospedeiro para que o utilize como modelo para as proteínas virais.Os retrovírus vão um pouco mais longe, copiando o seu material genético para o genoma nuclear da célula hospedeira. Os cientistas exploram este facto substituindo parte do material genético de um vírus por ADN ou ARN terapêutico. Tal como o material genético (ADN ou ARN) dos vírus, o material genético terapêutico pode ser concebido para servir simplesmente como um modelo temporário que se degrada naturalmente, como nos *vectores não integrativos*, ou para entrar no núcleo do hospedeiro, tornando-se uma parte permanente do ADN nuclear do hospedeiro nas células infectadas.

Foram utilizados vários vírus para a terapia genética humana, incluindo vírus como o lentivírus, adenovírus, herpes simplex, vaccinia e vírus adeno-associado.

Os vectores virais de adenovírus (Ad) modificam temporariamente a expressão genética de uma célula com material genético que não está integrado no ADN da célula hospedeira.Em 2017, estes vectores eram utilizados em 20% dos ensaios de terapia genética.Os vectores de adenovírus são sobretudo utilizados em tratamentos contra o cancro e em novas vacinas genéticas, como a vacina contra o Ébola, as vacinas utilizadas em ensaios clínicos para o VIH e o SARS-CoV-2 ou as vacinas contra o cancro.

Os vectores lentivirais baseados no lentivírus, um retrovírus, podem modificar o genoma nuclear de uma célula para expressar permanentemente um gene, embora os vectores possam ser modificados para impedir a integração. Os retrovírus foram utilizados em 18% dos ensaios antes de 2018. O Libmeldy é um tratamento ex vivo com células estaminais para a leucodistrofia metacromática que utiliza um vetor lentiviral e foi aprovado pela agência médica europeia em 2020.

O vírus adeno-associado (AAV) é um vírus que é incapaz de se transmitir entre células, a menos que a célula seja infetada por outro vírus, um vírus auxiliar. O adenovírus e os vírus do herpes actuam como vírus auxiliares do AAV. O AAV persiste no interior da célula, fora do genoma nuclear da célula, durante um período de tempo prolongado, através da formação de concâmeros organizados principalmente como epissomas.O material genético dos vectores de AAV é integrado no genoma nuclear da célula hospedeira com uma frequência baixa e provavelmente mediada pelas enzimas modificadoras do ADN da célula hospedeira.Os modelos animais sugerem que a integração do material genético do VAA no genoma nuclear da célula hospedeira pode causar carcinoma hepatocelular, uma forma de cancro do fígado. Foram explorados vários agentes de investigação de AAV no tratamento da degenerescência macular húmida relacionada com a idade, através de abordagens intravítreas e subretinianas, como uma potencial aplicação da terapia genética com AAV a doenças humanas.

Vectores não virais

Os vectores não virais para a terapia genética apresentam certas vantagens em relação aos métodos virais, como a produção em grande escala e a baixa imunogenicidade do hospedeiro. No entanto, os métodos não virais produziram inicialmente níveis mais baixos de transfecção e expressão genética e, por conseguinte, uma menor eficácia terapêutica. As novas tecnologias prometem resolver estes problemas, com o advento de um maior direcionamento específico para as células e o controlo do tráfico subcelular.

Os métodos de terapia génica não viral incluem a injeção de ADN nu, a electroporação, a pistola de genes, a sonoporação, a magnetofecção, a utilização de oligonucleótidos, lipoplexos, dendrímeros e nanopartículas inorgânicas. Abordagens mais recentes, como as realizadas por empresas como a Ligandal, oferecem a possibilidade de criar tecnologias de direcionamento específicas para as células para uma variedade de modalidades de terapia genética, incluindo RNA, DNA e ferramentas de edição de genes, como o CRISPR. Outras empresas, como a Arbutus Biopharma e a Arcturus Therapeutics, oferecem abordagens não virais e não dirigidas a células, que apresentam principalmente trofismo hepático. Nos últimos anos, empresas emergentes como a Sixfold Bio, a GenEdit e a Spotlight Therapeutics começaram a resolver o problema da entrega de genes não virais. As técnicas não virais oferecem a possibilidade de repetir a dosagem e uma maior adaptabilidade das cargas genéticas, o que, no futuro, terá mais probabilidades de substituir os sistemas de entrega baseados em vírus.

Empresas como a Editas Medicine, a Intellia Therapeutics, a CRISPR Therapeutics, a Casebia, a Cellectis, a Precision Biosciences, a bluebird bio, a Excision BioTherapeutics e a Sangamo desenvolveram técnicas de edição de genes não virais, mas continuam frequentemente a utilizar vírus para a entrega de material de inserção de genes após a clivagem genómica por nucleases guiadas. Estas empresas centram-se na edição de genes e continuam a enfrentar grandes obstáculos à sua distribuição.

A BioNTech, a Moderna Therapeutics e a CureVac centram-se na entrega de cargas úteis de ARNm, que são necessariamente problemas de entrega não viral.

A Alnylam, a Dicerna Pharmaceuticals e a Ionis Pharmaceuticals concentram-se na entrega de siRNA (oligonucleótidos anti-sentido) para a supressão de genes, que também necessitam de sistemas de entrega não virais.

2. MÉTODOS FÍSICOS DE ADMINISTRAÇÃO DE GENES

Foram utilizadas várias manipulações físicas para aumentar a eficiência (taxa e extensão) da entrega de genes às células defeituosas desejadas, especialmente em condições *in vivo*. Estes métodos físicos para a transferência de genes também demonstraram a capacidade de contornar várias barreiras extra e intracelulares, que comprometem significativamente a eficiência da entrega de genes, incluindo a diluição maciça do ADN após a injeção, a acessibilidade do local alvo e a entrada na célula e no núcleo, aumentando assim a expressão genética nas células desejadas durante o período desejado.

Electroporação (EP)

A EP provou ser um método bem sucedido de administração de fármacos através da pele *in vitro* e *in vivo*, tendo sido também utilizada como um sistema eficaz de administração de genes *in vitro* em células procarióticas e eucarióticas. Utiliza a força física para importar fármacos terapêuticos e macromoléculas, como o ADN e as proteínas, dos compartimentos extracelulares para as células. A EP aumenta transitoriamente a permeabilidade da membrana celular causada pela aplicação de um campo elétrico curto e pulsado, perturbando temporariamente a integridade estrutural das membranas celulares. São aplicados impulsos eléctricos de intensidade e duração diferentes, de acordo com a célula, tecido ou órgão alvo. Este procedimento tem sido bem recebido para a sua utilização *in vivo* na clínica devido à sua simplicidade e baixos efeitos adversos.

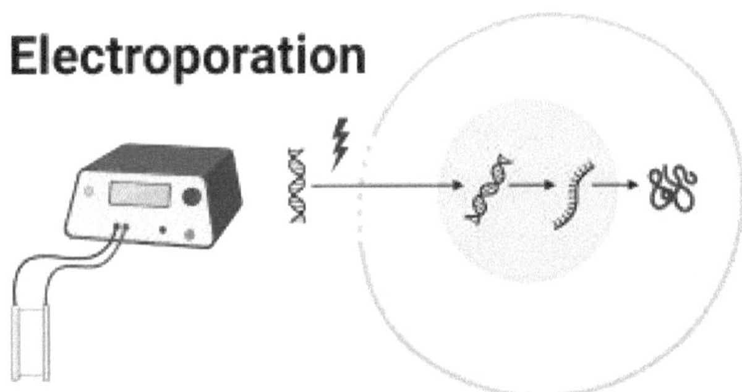

https://microbenotes.com/electroporation-principle-steps-uses/

Injeção Intravascular Hidrodinâmica

A administração hidrodinâmica de genes *através da* injeção na veia caudal é um método altamente eficaz para administrar ácidos nucleicos no fígado de pequenos animais. Esta forma de administração de genes utilizando uma injeção rápida de um volume relativamente grande de solução de ADN abriu uma nova via para estudos de terapia genética *in vivo*. Esta abordagem combina o ADN nu e a pressão hidrodinâmica gerada pela injeção rápida de um grande volume de fluido num vaso sanguíneo, para fornecer materiais genéticos às células do parênquima.

A injeção hidrodinâmica é amplamente aplicável à administração de transgénios em órgãos importantes como o fígado, o rim, o músculo esquelético, o coração, o pulmão e o baço. Todos estes órgãos apresentam uma expressão marcada do transgene, mas especialmente o fígado, que tem a expressão mais elevada do transgene.

Sonoporação

A sonoporação é um método de introdução de genes em tecidos-alvo, que pode fornecer genes ao tecido correspondente através da combinação de exposição a ultra-sons e subsequente rutura de microbolhas. A sonoporação consiste em perfurar a membrana celular utilizando ondas de ultra-sons. A frequência dos ultra-sons abrange uma vasta gama de 20 kHz a 5 MHz para os gases e 500 MHz para os líquidos e sólidos, mas é de notar que a sonoporação utiliza principalmente ondas de ultra-sons a frequências de megahertz. Os ultra-sons foram utilizados pela primeira vez para transfectar células de mamíferos *in vitro* em 1996 e foram amplamente utilizados para a entrega de genes na década de 2000.

Em termos de sonoporação, trata-se de um sistema de entrega de genes não viral para aumentar a transferência de ADN plasmídico através das membranas celulares biológicas. Funciona através da permeabilização transitória da membrana celular e da transferência eficaz de ADN terapêutico através dos tecidos e para o interior das células através da aplicação de energia de ultra-sons. A técnica de ultra-sons tem sido utilizada clinicamente de forma rotineira, tanto para fins terapêuticos como de diagnóstico, e abrange uma vasta gama de frequências e formas de onda. À semelhança dos impulsos eléctricos, os ultra-sons de alta intensidade podem permeabilizar as membranas celulares para fornecer moléculas de carga através da formação de poros.

Bombardeamento de partículas (Gene Gun)

O bombardeamento de partículas, também conhecido como pistola de genes, é um método físico direto de administração de genes (introdução de ácidos nucleicos nas células). Trata-se de um dispositivo utilizado para transfectar células com ADN estranho, bombardeando as células-alvo com micropartículas revestidas de ADN. Neste método, os ácidos nucleicos ou outras moléculas biológicas são revestidos em micropartículas de ouro ou tungsténio de alta densidade (microtransportadores), sendo depois acelerados a alta velocidade por um impulso de hélio e conduzidos através das paredes e membranas celulares para o interior das células-alvo

A pistola de genes é um procedimento em que as partículas que contêm ácidos nucleicos são propulsionadas a alta velocidade para atingir um alvo biológico, a fim de penetrar profundamente e transfectar células através da entrega de moléculas de carga. Existem diferentes dispositivos de pistola genética disponíveis no mercado (Powderject, PowderMed, Iaculor Injection) que podem ser utilizados com êxito para a maioria dos fins. O material mais recomendado para a preparação das partículas empregues no procedimento da pistola de genes é o ouro. O ouro pode ionizar-se para ter uma carga positiva, que interage bem com o ADN ou o ARN graças à carga negativa em cada grupo fosfato do polinucleótido.

Injeção a jato

A injeção por jato é um método de administração física que utiliza alta pressão para forçar a penetração de microgotículas de líquido na pele, a fim de administrar um medicamento ou vacina nos tecidos intradérmico, subcutâneo ou intramuscular. O método de injeção por jato é utilizado para injetar as moléculas (como medicamentos, ácidos nucleicos) diluídas em líquido sem a utilização de uma agulha ou partículas. A tecnologia de injeção a jato desenvolveu-se como uma alternativa aplicável aos sistemas de entrega de genes virais ou lipossómicos. É utilizada para a transferência genética direta de ADN nu para as células. A injeção por jato permite a transferência de genes para diferentes tecidos, com uma penetração mais profunda do ADN desejado no tecido visado, com eficiências de transferência comparáveis às obtidas com o bombardeamento de partículas. A injeção por jato tem sido utilizada numa grande variedade de aplicações clínicas, como a imunização com antigénios (vacinas), a administração de hormonas e a anestesia local. Também tem sido utilizada em muitas estratégias de terapia genética, como a terapia antitumoral *através da* injeção a jato de ADN que codifica genes suicidas (citosina desaminase) ou vacinas genéticas.

Sistemas químicos para entrega de genes

Os métodos químicos de entrega de genes podem utilizar compostos naturais ou sintéticos para formar partículas que facilitam a transferência de genes para as células. Estes vectores sintéticos têm a capacidade de ligar electrostaticamente o ADN ou o ARN e compactar a informação genética para acomodar transferências genéticas maiores. Os vectores químicos entram normalmente nas células por endocitose e podem proteger o material genético da degradação.

Os avanços na tecnologia de transferência de genes podem constituir um avanço no domínio da terapia genética. A transferência de genes não é apenas utilizada para tratar doenças genéticas, mas pode também produzir grandes quantidades de proteínas segregadas para utilização direta na terapia ou na produção de vacinas. É sabido que, devido ao tamanho dos ácidos nucleicos e/ou às suas propriedades físico-químicas, como a hidrofilicidade, é difícil para os ácidos nucleicos difundirem-se diretamente através da membrana plasmática.

Por conseguinte, foram desenvolvidas várias estratégias para a transferência de ácidos nucleicos, especialmente genes. O sistema ideal de entrega e transfecção de genes deve ter uma elevada eficiência de transfecção, baixa citotoxicidade e especificidade unicelular, e ser capaz de lidar com sistemas heterogéneos com muitas células diferentes em simultâneo.

Fosfato de cálcio

Outro método simples envolve a utilização de fosfato de cálcio para ligar o ADN e depois expô-lo a células em cultura. A solução, juntamente com o ADN, é encapsulada pelas células e uma pequena quantidade de ADN pode ser integrada no genoma.

Lipossomas e polímeros

Os lipossomas e os polímeros podem ser utilizados como vectores para introduzir o ADN nas células.

Um lipossoma é uma pequena vesícula artificial, de forma esférica, com pelo menos uma bicamada lipídica. Devido à sua hidrofobicidade e/ou hidrofilicidade, biocompatibilidade, tamanho das partículas e muitas outras propriedades, os lipossomas podem ser utilizados como veículos de libertação de fármacos para a administração de medicamentos e nutrientes, tais como nanopartículas lipídicas em vacinas de ARNm e vacinas de ADN.

Os lipossomas com carga positiva ligam-se ao ADN com carga negativa, enquanto os polímeros podem ser concebidos para interagir com o ADN. Estes formam lipoplexos e poliplexos, respetivamente, que são depois absorvidos pelas células. Os dois sistemas podem também ser combinados. Os vectores não virais baseados em polímeros utilizam polímeros para interagir com o ADN e formar poliplexos.

Os polímeros vão desde os conhecidos plásticos sintéticos, como o poliestireno, até aos biopolímeros naturais, como o ADN e as proteínas, que são fundamentais para a estrutura e função biológica. Os polímeros, tanto naturais como sintéticos, são criados através da polimerização de muitas moléculas pequenas, conhecidas como monómeros.

As micelas poliméricas são transportadores de fármacos formados pela agregação de uma molécula anfifílica com um copolímero em bloco anfifílico. Estes transportadores formam-se a uma concentração elevada específica para os compostos utilizados, denominada concentração micelar crítica. A adição de um copolímero em bloco anfifílico reduz efetivamente esta concentração micelar crítica, deslocando o equilíbrio de troca de monómeros. Estes transportadores são comparáveis aos lipossomas, mas a ausência de um núcleo aquoso torna as micelas poliméricas menos adaptáveis a uma grande variedade de fármacos.

Nanopartículas

A utilização de nanopartículas inorgânicas e orgânicas artificiais é uma outra abordagem não viral para a entrega de genes. As nanopartículas são muito comuns na natureza e são objeto de estudo em muitas ciências, como a química, a física, a geologia e a biologia. Encontrando-se na transição entre materiais a granel e estruturas atómicas ou moleculares, apresentam frequentemente fenómenos que não são observados em nenhuma das duas escalas. São um componente importante da poluição atmosférica e ingredientes-chave em muitos produtos industrializados, como tintas, plásticos, metais, cerâmicas e produtos magnéticos. A produção de nanopartículas com propriedades específicas é um ramo da nanotecnologia.

Os sistemas de administração de medicamentos por nanopartículas são tecnologias de engenharia que utilizam nanopartículas para a administração direcionada e a libertação controlada de agentes terapêuticos. A forma moderna de um sistema de administração de medicamentos deve minimizar os efeitos secundários e reduzir a dosagem e a frequência da administração. Recentemente, as nanopartículas têm despertado a atenção devido à sua potencial aplicação na administração eficaz de medicamentos.

3. VECTORES VIRAIS NA ENTREGA DE GENES

Os vectores virais são vírus modificados concebidos para introduzir material genético nas células. Este processo pode ser efectuado no interior de um organismo ou em cultura de células. Os vectores virais têm aplicações generalizadas na investigação fundamental, na agricultura e na medicina.

Os vírus desenvolveram mecanismos moleculares especializados para transportar os seus genomas para os hospedeiros infectados, um processo designado por transdução. Esta capacidade tem sido explorada para utilização como vectores virais, que podem integrar a sua carga genética - o transgene - no genoma do hospedeiro, embora os vectores não integrativos também sejam habitualmente utilizados. Para além da agricultura e da investigação laboratorial, os vectores virais são amplamente aplicados na terapia genética: em 2022, todas as terapias genéticas aprovadas eram baseadas em vectores virais. Além disso, em comparação com as vacinas tradicionais, a expressão intracelular de antigénios permitida pelas vacinas de vetores virais proporciona uma ativação imunitária mais robusta.

Foram desenvolvidos muitos tipos de vírus em plataformas de vectores virais, desde os retrovírus aos citomegalovírus. As diferentes classes de vectores virais variam muito em termos de pontos fortes e limitações, adequando alguns a aplicações específicas. Por exemplo, os vectores relativamente não imunogénicos e integrativos, como os vectores lentivirais, são normalmente utilizados na terapia genética. Foram também desenvolvidos vectores virais quiméricos, tais como vectores híbridos com qualidades tanto de bacteriófagos como de vírus eucarióticos.

Os vectores virais foram criados pela primeira vez em 1972 por Paul Berg. O desenvolvimento posterior foi temporariamente interrompido por uma moratória na investigação do ADN recombinante, na sequência da Conferência de Asilomar, e por regulamentos rigorosos do National Institutes of Health. Uma vez levantada a moratória, a década de 1980 assistiu à primeira terapia genética com vectores virais recombinantes e à primeira vacina com vectores virais. Embora a década de 1990 tenha assistido a avanços significativos nos vectores virais, os ensaios clínicos sofreram uma série de reveses, que culminaram com a morte de Jesse Gelsinger. No entanto, no século XXI, os vectores virais ressurgiram e foram aprovados a nível mundial para o tratamento de várias doenças. Foram administrados a milhares de milhões de doentes, nomeadamente durante a pandemia de COVID-19.

Esta capacidade de transferir material genético estranho foi explorada por engenheiros genéticos para criar vectores virais, que podem transduzir o transgene desejado para uma célula alvo. Os vectores virais são constituídos por três componentes:

1. Um capsídeo proteico e, por vezes, um envelope que encapsula a carga genética. Isto determina a gama de tipos de células que o vetor infecta, o que se designa por tropismo.
2. Uma carga genética: o transgene que resulta no efeito desejado quando expresso.
3. Uma "cassete reguladora" que controla a expressão do transgene, quer esteja integrado num cromossoma hospedeiro ou como um epissoma. A cassete inclui um potenciador, um promotor e elementos auxiliares.

Tipos de vectores virais

Retrovírus

Os retrovírus - vírus de ARN envelopados - são plataformas populares de vectores virais devido à sua capacidade de integrar material genético no genoma do hospedeiro. Os vectores retrovirais compreendem duas classes gerais: vectores retrovirais gama e vectores lentivirais. A diferença fundamental entre os dois é que os vectores retrovirais gama só podem infetar células em divisão, enquanto os vectores lentivirais podem infetar tanto células em divisão como em repouso. Nomeadamente, os genomas retrovirais são compostos por ARN de cadeia simples e têm de ser convertidos em ADN proviral de cadeia dupla, um processo conhecido como transcrição reversa, antes de serem integrados no genoma do hospedeiro através de proteínas virais como a integrase.

O vetor gammaretroviral mais utilizado é um vírus modificado da leucemia murina de Moloney (MMLV), capaz de transduzir vários tipos de células de mamíferos. Os vectores MMLV têm sido associados a alguns casos de carcinogénese. Os vectores gammaretrovirais foram aplicados com êxito a células estaminais hematopoiéticas *ex vivo* para tratar várias doenças genéticas.

Vectores lentivirais

A maioria dos vectores lentivirais deriva do vírus da imunodeficiência humana de tipo 1 (VIH-1), embora também tenham sido utilizados o vírus da imunodeficiência símia (SIV) modificado, o vírus da imunodeficiência felina (FIV) e o vírus da anemia infecciosa equina (EIAV). Uma vez que todos os genes funcionais são removidos ou sofrem mutações, os vectores não são citopáticos e podem ser concebidos para serem não-integrativos.

Os vectores lentivirais são capazes de transportar até 10 kb de material genético estranho, embora 3-4 kb tenham sido considerados ideais em 2023. Em relação a outros vectores virais, os vectores lentivirais possuem a maior capacidade de transdução, devido à formação de um "retalho de ADN" de três cadeias durante a retrotranscrição do ARN lentiviral de cadeia simples para o ADN do hospedeiro.

Os vectores lentivirais têm sido utilizados em terapias *in vivo*, como o tratamento direto de doenças genéticas como a hemofilia B, e em tratamentos *ex vivo*, como a modificação de células imunitárias na terapia com células T CAR. Em 2017, a Food and Drug Administration (FDA) dos EUA aprovou o tisagenlecleucel, um vetor lentiviral, para a leucemia linfoblástica aguda.

Vírus adeno-associados

Os vírus adeno-associados (VAA) são vírus de ADN de cadeia simples relativamente pequenos, pertencentes à família *Parvoviridae* e, tal como os vectores lentivirais, podem infetar tanto células em divisão como células que não se dividem. No entanto, os VAA requerem a presença de um "vírus auxiliar", como um adenovírus ou o vírus do herpes simplex, para se replicarem no hospedeiro, embora o possam fazer independentemente se for induzido um stress celular ou se os genes do vírus auxiliar forem transportados pelo vetor.

O vírus Vaccinia, um poxvírus, é outro candidato promissor para o desenvolvimento de vectores virais. A sua utilização como vacina contra a varíola - comunicada pela primeira vez por Edward Jenner em 1798 - levou à erradicação da varíola e demonstrou que a vaccinia é segura e eficaz nos seres humanos. Além disso, os procedimentos de fabrico desenvolvidos para a produção em massa de reservas de vacinas contra a varíola podem acelerar a produção de vectores virais de vaccinia.

A vaccinia possui um grande genoma de ADN e, consequentemente, pode transportar até 40 kb de ADN estranho. Além disso, é pouco provável que a vaccinia se integre no genoma do hospedeiro, diminuindo a possibilidade de carcinogénese.

Vírus do herpes

Dos nove herpesvírus que infectam os seres humanos, o vírus herpes simplex 1 (HSV-1) é o mais bem caracterizado e o mais frequentemente utilizado como vetor viral. O HSV-1 oferece várias vantagens: tem um tropismo alargado e pode administrar terapêuticas através de sistemas de expressão especializados. Além disso, o HSV-1 pode atravessar a barreira hemato-encefálica se for objeto de uma interrupção médica, o que lhe permite visar doenças neurológicas. Além disso, o HSV-1 não se integra no genoma do hospedeiro e pode transportar grandes quantidades de ADN estranho. A primeira caraterística evita a mutagénese prejudicial, como pode ocorrer com os vectores retrovirais e adeno-associados. Foram desenvolvidas estirpes com deficiência de replicação.

Baculovírus como vetor

Os baculovírus são vírus envelopados com um genoma circular de dsDNA. Como espécie modelo de baculovírus, o autographa californica multiple nucleopolyhedrovirus (AcMNPV) numa cassete de expressão para mamíferos é altamente eficaz na mediação da expressão transiente de transgénios em células humanas. O genoma do vetor de baculovírus é de aproximadamente 130 kb com uma grande capacidade de empacotamento (permitindo pelo menos 38 kb de inserções), especialmente adequado para a expressão de transgénios a curto prazo e de alto nível. Os vectores de baculovírus podem estimular simultaneamente as respostas imunitárias humoral e celular para o tratamento da gripe, da malária e da raiva. A Creative Biolabs fornece numerosos baculovírus recombinantes com diferentes promotores e elementos reguladores para melhorar a expressão de proteínas estranhas e aumentar a eficácia da vacinação.

Escolha do vetor viral

A melhor forma de administrar a terapia genética a uma célula hospedeira - o local pretendido onde um investigador pretende que a terapia genética cure uma mutação genética - é através de vírus. A natureza inerente de um vírus torna-o incrivelmente eficiente na infiltração de uma célula, tal como um camião de entregas que está familiarizado com as ruas do bairro e consegue encontrar casas com facilidade para entregar artigos aos clientes. Muitos vírus tiveram os seus genomas completos - toda a sua coleção de genes - mapeados pelos cientistas. Eles são capazes de separar as partes do genoma do vírus que são eficientes em penetrar nas células das partes que podem resultar em doenças. Embora existam vários esquemas virais disponíveis, a seleção de um vetor é determinada por factores como as células-alvo, a imunogenicidade, a duração da expressão genética e a quantidade de material genético a ser entregue.

Quando o vetor atinge a célula-alvo, é capaz de:

- Passa através da membrana celular, entra na célula e alcança o núcleo[2,3]
- No núcleo, desmonta-se (o pacote é retirado do camião de entregas). Entrega o material genético (o pacote) no núcleo.

No interior do núcleo, o material genético dá instruções à célula para que esta produza o efeito terapêutico pretendido. A célula decompõe então naturalmente o vetor e este é eliminado pelo organismo.

4. VÍRUS ONCOLÍTICOS

Os vírus oncolíticos são um tipo de vírus especificamente concebido para atingir e destruir as células cancerígenas. À medida que as células cancerígenas infectadas são destruídas pela oncólise, libertam novas partículas infecciosas de vírus ou viriões para ajudar a destruir o tumor remanescente. Pensa-se que os vírus oncolíticos não só causam a destruição direta das células tumorais, como também estimulam as respostas do sistema imunitário antitumoral do hospedeiro. Os vírus oncolíticos têm também a capacidade de afetar o microambiente tumoral de várias formas. Estes vírus foram concebidos para infetar e replicar seletivamente nas células cancerosas, poupando as células saudáveis. O objetivo é utilizar a capacidade natural do vírus de matar células para combater o cancro.

Vírus do herpes simplex

O vírus do herpes simplex (HSV) foi um dos primeiros vírus a ser adaptado para atacar seletivamente as células cancerosas, porque era bem conhecido, fácil de manipular e relativamente inofensivo no seu estado natural, pelo que era suscetível de apresentar menos riscos. O vírus herpes simplex tipo 1 (HSV-1) mutante 1716 carece de ambas as cópias do gene ICP34.5 e, consequentemente, já não é capaz de se replicar em células terminalmente diferenciadas e não-divisíveis, mas infecta e causa lise de forma muito eficiente em células cancerígenas, o que provou ser uma estratégia eficaz de ataque a tumores. Numa vasta gama de modelos de cancro in vivo, o vírus HSV1716 induziu a regressão do tumor e aumentou o tempo de sobrevivência.

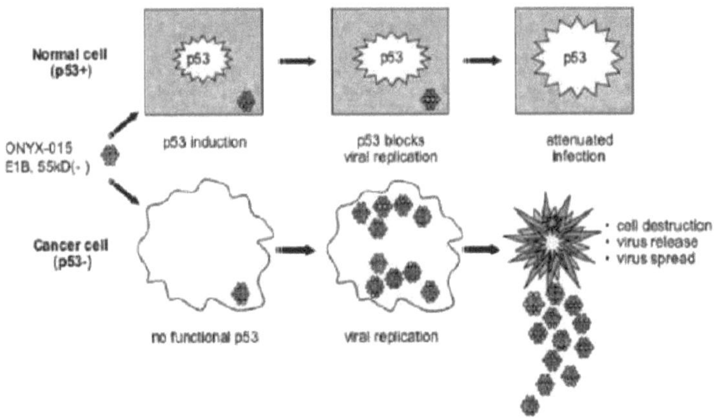

https://www.slideshare.net/slideshow/oncolytic-virus-lecture/3118241

Modificações para melhorar a atividade oncolítica

Os vírus oncolíticos podem ser utilizados contra os cancros de formas adicionais à lise das células infectadas.

Genes do suicídio

Os vírus podem ser utilizados como vectores para a entrega de genes suicidas, codificando enzimas que podem metabolizar um pró-fármaco não tóxico administrado separadamente numa citotoxina potente, que pode difundir-se e matar as células vizinhas. Um vírus do herpes simplex, que codifica um gene suicida da timidina quinase, progrediu para a fase III dos ensaios clínicos. A timidina quinase do vírus do herpes simplex fosforila o pró-fármaco, o ganciclovir, que é então incorporado no ADN, bloqueando a síntese do ADN.

Supressão da angiogénese

A angiogénese (formação de vasos sanguíneos) é uma parte essencial da formação de grandes massas tumorais. A angiogénese pode ser inibida pela expressão de vários genes, que podem ser entregues às células cancerosas em vectores virais, resultando na supressão da angiogénese e na falta de oxigénio no tumor. A infeção de células com vírus contendo os genes para a síntese de angiostatina e endostatina inibiu o crescimento do tumor em ratinhos. Foram demonstradas actividades antitumorais melhoradas num vírus vaccinia recombinante que codifica um anticorpo terapêutico anti-angiogénico e com uma variante do HSV1716 que exprime um inibidor da angiogénese.

Radioiodo

A adição do gene do simportador de sódio-iodeto (NIS) ao genoma viral faz com que as células tumorais infectadas expressem o NIS e acumulem iodo. Quando combinada com a terapia com iodo radioativo, permite a radioterapia local do tumor, tal como é utilizada no tratamento do cancro da tiroide. O iodo radioativo pode também ser utilizado para visualizar a replicação viral no organismo através da utilização de uma câmara gama.

Principais caraterísticas dos vírus oncolíticos:

- O vírus foi concebido para reconhecer e ligar-se a receptores específicos na superfície das células cancerígenas.
- Uma vez dentro da célula cancerosa, o vírus replica-se e produz mais partículas virais.
- O vírus induz a apoptose (morte celular) na célula cancerígena, o que pode levar à destruição do tumor.

Tipos de vírus oncolíticos:

1. À base de adenovírus: Derivado do adenovírus, que é um vírus da constipação comum.

2. Baseado no hepadnavírus: Derivado do vírus da hepatite B.

3. Baseado em retrovírus: Derivado de retrovírus, que são um tipo de vírus de ARN.

4. À base de herpesvírus: Derivados de herpesvírus, como o vírus do herpes simplex (HSV) e o citomegalovírus humano (HCMV).

Vantagens:

- Especificidade: Os vírus oncolíticos podem visar tipos específicos de células cancerígenas, reduzindo os danos nas células saudáveis.
- Terapia multimodal: Os vírus oncolíticos podem estimular o sistema imunitário, promover respostas anti-tumorais e matar diretamente as células cancerígenas.
- Tratamento local: Os vírus oncolíticos podem ser administrados diretamente no local do tumor, reduzindo os efeitos secundários sistémicos.

Desafios e limitações da utilização de vírus oncolíticos:

- Imunogenicidade: Os vírus oncolíticos podem desencadear uma resposta imunitária contra o próprio vírus, conduzindo potencialmente a reacções adversas.
- Eficácia limitada: Os vírus oncolíticos podem não ser eficazes contra todos os tipos de cancro ou em todas as fases da doença.
- Toxicidade: Os vírus oncolíticos podem causar toxicidade sistémica, especialmente se se espalharem para além do local do tumor.

Aplicações:

- Terapia do cancro: Os vírus oncolíticos estão a ser explorados como um potencial tratamento para vários tipos de cancro, incluindo melanoma, cancro da mama, cancro do pulmão e tumores cerebrais.
- Terapias combinadas: Os vírus oncolíticos estão a ser estudados em combinação com outras terapias contra o cancro, como a quimioterapia, a imunoterapia e as terapias direcionadas.

5. APLICAÇÕES DA TERAPIA GÉNICA

A terapia genética é uma tecnologia médica que tem como objetivo produzir um efeito terapêutico através da manipulação da expressão genética ou da alteração das propriedades biológicas das células vivas. A terapia génica é um campo em rápido crescimento que tem o potencial de revolucionar o tratamento de doenças genéticas. Eis algumas aplicações potenciais da terapia génica:

- Doenças hereditárias: A terapia génica pode ser utilizada para tratar doenças hereditárias como a anemia falciforme, a fibrose quística e a distrofia muscular, substituindo ou modificando os genes defeituosos responsáveis por estas doenças.
- Tratamento do cancro: A terapia genética pode ser utilizada para atingir e matar as células cancerígenas através da introdução de genes que codificam proteínas que matam o cancro ou através da modificação do sistema imunitário para reconhecer e atacar as células cancerígenas.
- Doenças neurológicas: A terapia genética pode ser utilizada para tratar doenças neurológicas, como a doença de Parkinson, a doença de Huntington e a atrofia muscular espinal, substituindo ou modificando os genes responsáveis por estas doenças.
- Doenças da retina: A terapia genética pode ser utilizada para tratar doenças da retina, como a amaurose congénita de Leber, uma forma de cegueira hereditária, através da introdução de uma versão saudável do gene responsável pela visão.
- Doenças metabólicas: A terapia genética pode ser utilizada para tratar doenças metabólicas como a fenilcetonúria (PKU), uma doença que afecta a decomposição dos aminoácidos, através da introdução de uma enzima funcional que pode decompor esses aminoácidos.
- Doenças de imunodeficiência: A terapia genética pode ser utilizada para tratar doenças de imunodeficiência, como a

imunodeficiência combinada grave (SCID), através da introdução de um gene funcional do sistema imunitário.

- Doenças infecciosas: A terapia genética pode ser utilizada para tratar doenças infecciosas, como o VIH, introduzindo genes que codificam proteínas anti-VIH ou modificando o sistema imunitário para reconhecer e atacar as células infectadas pelo VIH.
- Doenças cardiovasculares: A terapia genética pode ser utilizada para tratar doenças cardiovasculares, como a insuficiência cardíaca e a aterosclerose, através da introdução de genes que promovem o crescimento e a reparação dos vasos sanguíneos.
- Doenças músculo-esqueléticas: A terapia genética pode ser utilizada para tratar doenças músculo-esqueléticas, como a osteoartrite e as doenças que causam perda de massa muscular, através da introdução de genes que promovem o crescimento e a reparação da cartilagem.
- Edição de genes: A terapia genética pode ser utilizada para editar genes em células vivas, permitindo a correção de mutações genéticas e a prevenção de doenças genéticas.

Algumas das abordagens específicas da terapia genética incluem:

1. Terapia genética baseada em vectores virais: Trata-se de utilizar vírus para introduzir genes nas células.
2. Terapia genética baseada na electroporação: Esta terapia envolve a utilização de impulsos eléctricos para criar buracos temporários nas membranas celulares, permitindo a entrada de genes nas células.
3. Edição de genes: Trata-se de utilizar enzimas como a CRISPR/Cas9 para editar genes em células vivas.
4. Terapia genética baseada no ARN: Trata-se de utilizar moléculas de ARN para introduzir informação genética nas células.

6. TERAPIA GENÉTICA SUICIDA CONTRA O CANCRO

O objetivo final da terapia do cancro é a eliminação completa de todas as células cancerosas, deixando ilesas todas as células saudáveis. Uma das estratégias terapêuticas mais promissoras a este respeito é a terapia genética suicida do cancro (CSGT), que está a progredir rapidamente para novas fronteiras. A entrega dos genes suicidas às células cancerosas envolve vectores virais e sintéticos, que são guiados por anticorpos e ligandos específicos do cancro. As opções de entrega incluem também células estaminais modificadas com tropismos para os cancros. Os principais mecanismos que induzem a morte das células cancerosas incluem: expressão transgénica de timidina quinases, citosina desaminases, anticorpos intracelulares, telomerases, caspases e DNases. São tomadas precauções para eliminar os riscos associados à transgénese. Os progressos na genómica e na proteómica devem ajudar-nos a identificar os biomarcadores específicos do cancro e as vias metabólicas para o desenvolvimento de novas estratégias com vista a ensaios clínicos de terapia genética orientada e personalizada do cancro. Ao introduzir o gene num tumor maligno, o tumor reduziria de tamanho e possivelmente desapareceria. A terapia genética suicida do cancro, também conhecida como terapia enzimática dirigida por genes (GDEPT), é um tipo de terapia genética que utiliza um gene para produzir uma enzima que converte um pró-fármaco não tóxico num composto tóxico que mata seletivamente as células cancerígenas.

Etapas da terapia genética suicida do cancro

1. Um vírus, como a citosina desaminase (CD) ou a timidina quinase do vírus do herpes simplex (HSV-TK), que transporta um gene para a enzima suicida, começa por infetar as células cancerosas.

2. A enzima suicida é produzida pelas células cancerígenas quando o gene é expresso.

3. O doente recebe o pró-fármaco, que a enzima suicida transforma na substância tóxica.

4. A substância venenosa é então especificamente absorvida pelas células cancerosas, onde desencadeia a apoptose, ou morte celular programada, para matar as células.

5. Uma vez que as células saudáveis não possuem a enzima suicida, não são afectadas pelo pró-fármaco.

Vantagens:

1. Especificidade: A enzima suicida é expressa seletivamente nas células cancerosas, o que a torna mais direcionada e menos tóxica para as células saudáveis.

2. Administração local: A terapia genética pode ser administrada localmente no local do tumor, reduzindo a toxicidade sistémica.

3. Potencial de destruição de tumores: A enzima suicida pode converter o pró-fármaco num composto altamente tóxico, o que pode levar a uma morte significativa do tumor.

Exemplos de terapia genética suicida contra o cancro incluem:

1. HSV-TK/Ganciclovir: Esta é uma das terapias genéticas mais conhecidas utilizadas no tratamento do cancro suicida. O ganciclovir é transformado na sua forma ativa pelo HSV-TK, que subsequentemente destrói as células cancerígenas.

2. CD/Arabinosídeo de citosina: Neste caso, as células cancerígenas são mortas pela conversão do arabinosídeo de citosina pela CD na sua forma ativa. Trata-se de um exemplo adicional de terapia genética suicida contra o cancro.

3. CD/Fludrabina: Este é mais um exemplo de terapia genética para o suicídio do cancro, em que a DC é utilizada para transformar a fludrabina na sua forma ativa, que depois destrói as células

cancerígenas.

Desafios e limitações:

1. Entrega: Pode ser difícil transferir eficazmente o gene para as células alvo durante a terapia genética.
2. Reação imunitária: A enzima suicida pode ser reconhecida pelo sistema imunitário como estranha, provocando uma reação imunitária contra ela.
3. Efeitos fora do alvo: A enzima suicida pode ser tóxica quando tem efeitos fora do alvo em células saudáveis.
4. Resistência: A combinação de pró-fármaco e enzima suicida pode fazer com que as células cancerígenas se tornem resistentes ao mesmo.

7. TERAPIA GENÉTICA ONCOLÍTICA

Os vírus são partículas que entram ou infectam as nossas células. Uma vez lá dentro, exploram a maquinaria genética da célula para se replicarem, o que lhes permite espalharem-se pelas células vizinhas não infectadas. Certos vírus, como o vírus do papiloma humano (HPV) no cancro do colo do útero e no cancro da cabeça e do pescoço e o vírus da hepatite B (HBV) no cancro do fígado, têm sido associados ao desenvolvimento de cancros específicos. A terapia com vírus oncolíticos, também designada por viroterapia, é uma forma de imunoterapia que utiliza vírus para infetar as células cancerígenas. A imunoterapia é o termo geral para o tratamento do cancro que ajuda o sistema imunitário. A terapia celular e genética é um tipo de imunoterapia.

Os vírus têm sido ultimamente utilizados para atacar e destruir cancros pré-existentes. Estes vírus, alguns dos quais, mas não todos, sofreram modificações, são designados por vírus oncolíticos e constituem uma opção terapêutica promissora para o cancro por várias razões:

- As células cancerosas são mais propensas a infecções porque frequentemente têm as defesas antivirais comprometidas.

- Estes vírus naturais podem ser modificados para terem caraterísticas benéficas, tais como uma capacidade reduzida de infetar células saudáveis, a capacidade de atingir tumores com cargas terapêuticas e a capacidade de libertar compostos estimulantes do sistema imunitário depois de terem infetado células tumorais.

- Estes vírus oncolíticos têm a capacidade de infetar as células cancerígenas e induzi-las a rebentar, libertando os antigénios do cancro e matando simultaneamente as células cancerígenas. Os sistemas imunitários que estes antigénios desencadeiam podem então procurar e destruir quaisquer células tumorais remanescentes na área e talvez noutros locais do corpo.

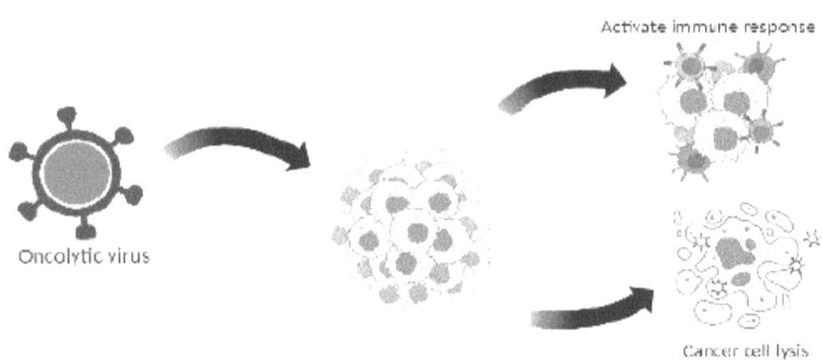

https://oncobites.blog/2023/08/09/can-a-virus-treat-cancer-an-oncolytic-virus-may-be-the-answer/

Mecanismo da terapia genética oncolítica

As células cancerosas, que já são vulneráveis aos vírus, são inicialmente infectadas por vírus oncolíticos. As células cancerígenas têm frequentemente defesas antivirais diminuídas que as tornam susceptíveis à infeção. O vírus começa a destruir a célula cancerígena assim que entra na célula. Uma vez que o processo de separação é o que desencadeia o sistema imunitário, é muito significativo. Quando as células cancerosas se fragmentam, são libertados antigénios (proteínas) anteriormente ocultos. O sistema imunitário pode localizar outras células que tenham os mesmos antigénios utilizando estes antigénios, que funcionam como uma prova de impressão digital da presença do cancro.

A complexidade do microambiente tumoral e a resposta imunitária antiviral do hospedeiro são duas dificuldades específicas da terapia com vírus oncolíticos (VO) que podem restringir a penetração do VO. Para diminuir a resposta imunitária antiviral do hospedeiro, o vírus oncolítico pode ser injetado diretamente no local do tumor ou administrado por via intravenosa. Isto sugere que a terapia com OV pode ser utilizada para tratar o cancro da pele, enquanto outros tipos de tumores sólidos ainda apresentam desafios no que diz respeito à injeção precisa de OVs no local do tumor. Para atingir outros tumores sólidos, os investigadores estão a procurar formas de aumentar a biodisponibilidade dos OV, por exemplo, alterando a sua superfície ou envolvendo-os em nanopartículas. A capacidade da terapia com OV para penetrar na barreira que envolve as células cancerígenas constitui outra dificuldade. Por outro lado, pouco se sabe sobre a forma como os OV e o microambiente tumoral interagem.

CAPÍTULO 4: CÉLULAS ESTAMINAIS NA MEDICINA REGENERATIVA

Duas caraterísticas fundamentais distinguem as células estaminais dos outros tipos de células. Podem proliferar e dar origem a outras células. Ou seja, regeneram-se a si próprias. E através de um processo chamado diferenciação, podem desenvolver-se em vários tipos de células com funções distintas. Quase todos os tecidos do corpo incluem células estaminais. Além disso, são necessárias tanto para a manutenção dos tecidos como para a cicatrização pós-lesão.

Existem vários tipos de células estaminais. As células estaminais embrionárias são as mais versáteis, uma vez que podem desenvolver-se em todas as células do feto em desenvolvimento. A maioria das células estaminais do corpo tem menos capacidade para dar origem a células e apenas podem ajudar a manter e reparar os tecidos e órgãos em que residem. Utilizando células estaminais ou seus derivados, o tratamento com células estaminais, geralmente designado por medicina regenerativa, melhora a resposta de cura dos tecidos danificados, doentes ou com mau funcionamento. É a fase seguinte do transplante de órgãos, utilizando células em vez dos poucos órgãos do dador. Num laboratório, as células estaminais são cultivadas por investigadores. Estas células estaminais são modificadas para se tornarem tipos específicos de células, tais como células sanguíneas, neuronais ou do músculo cardíaco. As células especializadas podem então ser transplantadas para uma pessoa. As células podem ser injectadas no músculo cardíaco, por exemplo, se o doente tiver problemas cardíacos. O músculo cardíaco danificado pode ser subsequentemente reparado em parte pelas células saudáveis transplantadas do músculo cardíaco.

1. CÉLULAS **ESTAMINAIS ADULTAS**

As células estaminais adultas são células indiferenciadas, encontradas em todo o corpo após o desenvolvimento, que se multiplicam por divisão celular para repor as células que estão a morrer e regenerar os tecidos danificados. Também conhecidas como células estaminais somáticas (do grego, que significa *do corpo*), podem ser encontradas em animais juvenis, adultos e humanos, ao contrário das células estaminais embrionárias. O interesse científico pelas células estaminais adultas centra-se em duas caraterísticas principais. A primeira é a sua capacidade de se dividir ou auto-renovar indefinidamente e a segunda é a sua capacidade de gerar todos os tipos de células do órgão de onde provêm, podendo regenerar todo o órgão a partir de algumas células.

Propriedades das células estaminais adultas

As células estaminais adultas são células indiferenciadas que permanecem no corpo após o desenvolvimento. São por vezes designadas por células estaminais somáticas ou específicas de cada tecido. Dentro de um determinado tecido ou órgão, têm a capacidade de se dividir e diferenciar numa variedade de tipos de células especializadas.

1. **Multipotência:** As células estaminais adultas são normalmente multipotentes, ao contrário das células estaminais embrionárias pluripotentes. Por conseguinte, podem diferenciar-se num espetro restrito de tipos de células associadas ao seu tecido original. As células estaminais hematopoiéticas, por exemplo, podem diferenciar-se em diferentes tipos de células sanguíneas na medula óssea, mas não noutros tipos de células como os neurónios ou as células musculares.

2. **Auto-renovação:** As células estaminais adultas possuem a capacidade de se replicarem e produzirem cópias idênticas de si próprias durante períodos prolongados, assegurando a manutenção do reservatório de células estaminais do tecido.

3. **Capacidade regenerativa:** As células estaminais adultas são essenciais para a regeneração e reparação dos tecidos. Em resposta

a um dano, dividem-se e proliferam para substituir as células perdidas.

4. Especificidade tecidular: Normalmente, as células estaminais adultas limitam-se a produzir os tipos de células que se encontram no tecido em que estão localizadas. Por exemplo, as células estaminais neurais do cérebro podem diferenciar-se em neurónios, astrócitos e oligodendrócitos, mas não noutros tipos de células específicos de cada tecido.

5. Envelhecimento e potencial de proliferação limitado: Ao longo do tempo, factores como o encurtamento dos telómeros, os danos no ADN e o stress ambiental podem prejudicar a capacidade regenerativa das células estaminais adultas. Este declínio está associado ao envelhecimento e resulta numa redução da capacidade dos tecidos para se repararem e curarem.

2. TIPOS DE CÉLULAS ESTAMINAIS ADULTAS

Células estaminais hematopoiéticas

As células estaminais hematopoiéticas (HSCs) são células estaminais que podem diferenciar-se em todas as células sanguíneas. Este processo é designado por hematopoiese. As células estaminais hematopoiéticas encontram-se na medula óssea e no sangue do cordão umbilical. Devido à sua natureza, as células estaminais hematopoiéticas estão geralmente inactivas quando se encontram em adultos.

Células estaminais mamárias

As células estaminais mamárias constituem a fonte de células para o crescimento da glândula mamária durante a puberdade e a gestação e desempenham um papel importante na carcinogénese da mama. As células estaminais mamárias foram isoladas de tecido humano e de rato, bem como de linhas celulares derivadas da glândula mamária.

Células estaminais intestinais

As células estaminais intestinais dividem-se continuamente ao longo da vida e utilizam um programa genético complexo para produzir as células que revestem a superfície dos intestinos delgado e grosso. As células estaminais intestinais residem perto da base do nicho das células estaminais, as chamadas criptas de Lieberkuhn.

Células estaminais mesenquimais

As células estaminais mesenquimais (MSC) são de origem estromal e podem diferenciar-se numa variedade de tecidos. As MSC foram isoladas da placenta, do tecido adiposo, do pulmão, da medula óssea e do sangue, da geleia de Wharton do cordão umbilical e dos dentes (nicho perivascular da polpa dentária e do ligamento periodontal). As MSC são atractivas para a terapia clínica devido à sua capacidade de se diferenciarem, fornecerem apoio trófico e modularem a resposta imunitária inata. Estas células diferenciam-se em vários tipos de células, tais como osteoblastos, condroblastos, adipócitos, células neuroectodérmicas e hepatócitos.

Células estaminais endoteliais

As células estaminais endoteliais são um dos três tipos de células estaminais multipotentes que se encontram na medula óssea. São um grupo raro e controverso com a capacidade de se diferenciar em células endoteliais, as células que revestem os vasos sanguíneos e os vasos linfáticos.

Células estaminais neurais

A presença de células estaminais no cérebro maduro dos primatas foi referida pela primeira vez em 1967. Desde então, tem sido demonstrado que são gerados novos neurónios em ratos adultos, aves canoras e primatas, incluindo humanos. Normalmente, a neurogénese adulta restringe-se a duas áreas do cérebro - a zona subventricular, que reveste os ventrículos laterais, e o giro denteado da formação hipocampal.

As células estaminais neurais são normalmente cultivadas *in vitro* como as chamadas neuroesferas - agregados heterogéneos flutuantes de células, contendo uma grande proporção de células estaminais. Podem ser propagadas durante longos períodos e diferenciar-se em células neuronais e gliais, comportando-se assim como células estaminais.

Células estaminais adultas olfactivas

As células estaminais adultas olfactivas foram colhidas com sucesso a partir das células da mucosa olfactiva humana, que se encontram no revestimento do nariz e estão envolvidas no sentido do olfato. Se lhes for dado o ambiente químico adequado, estas células têm a mesma capacidade que as células estaminais embrionárias para se desenvolverem em muitos tipos de células diferentes.

Células estaminais da crista neural

Os folículos pilosos contêm dois tipos de células estaminais, uma das quais parece representar um remanescente das células estaminais da crista neural embrionária. Foram encontradas células semelhantes no trato gastrointestinal, no nervo ciático, no trato de saída do coração e nos gânglios espinais e simpáticos. Estas células podem gerar neurónios, células de Schwann, miofibroblastos, condrócitos e melanócitos.

Células testiculares

Células estaminais multipotentes com uma alegada equivalência a células estaminais embrionárias foram derivadas de células progenitoras espermatogónias encontradas nos testículos de ratos de laboratório por cientistas na Alemanha e nos Estados Unidos. As células estaminais multipotentes também foram derivadas de células germinativas encontradas em testículos humanos.

3. APLICAÇÕES DAS CÉLULAS ESTAMINAIS ADULTAS

As células estaminais adultas têm várias aplicações terapêuticas, nomeadamente na medicina regenerativa e na engenharia de tecidos. Algumas das aplicações incluem:

1. Reparação e Regeneração de Tecidos: A capacidade das células estaminais adultas para regenerar ou reparar tecidos danificados está a ser investigada. A osteoartrite e as lesões musculares, por exemplo, podem ser tratadas com células estaminais mesenquimais (MSC) derivadas da medula óssea ou do tecido adiposo, que podem desenvolver-se em células ósseas, cartilagíneas e musculares.

2. Transplante de células estaminais hematopoiéticas: A utilização mais conhecida das células estaminais adultas é o transplante de células estaminais hematopoiéticas, que é frequentemente utilizado para tratar doenças relacionadas com o sangue, como o mieloma múltiplo, o linfoma e a leucemia. Para restaurar as células sanguíneas e imunitárias do doente, são implantadas células estaminais hematopoiéticas da medula óssea, do sangue periférico ou do sangue do cordão umbilical.

3. Doenças cardiovasculares: Estão ainda em curso estudos sobre a utilização de células estaminais adultas para a restauração do tecido cardíaco relacionado com o enfarte do miocárdio (ataque cardíaco). O objetivo é melhorar a função cardíaca através da utilização de células estaminais para regenerar cardiomiócitos, ou células do músculo cardíaco.

4. Cicatrização de feridas: Ao estimular o crescimento de novas células da pele e vasos sanguíneos (angiogénese), as células estaminais podem acelerar a cicatrização de feridas crónicas, como as úlceras diabéticas.

5. Doenças neurodegenerativas: O potencial das células estaminais adultas, em particular das células estaminais neurais, para tratar doenças neurodegenerativas como Parkinson e Alzheimer está a ser investigado. Existe otimismo quanto à possibilidade de estas células substituírem os neurónios danificados e restaurarem a função, apesar de ainda existirem obstáculos.

6. Transplantação de órgãos: Embora este campo de estudo ainda esteja na sua fase inicial, os investigadores estão a estudar a possibilidade de utilizar células estaminais adultas para cultivar órgãos em laboratório. Esta abordagem pode eventualmente diminuir a necessidade de dadores de órgãos e ajudar a resolver a escassez de órgãos.

7. Doenças auto-imunes: Alguns tratamentos experimentais utilizam células estaminais hematopoiéticas para "reiniciar" o sistema imunitário em indivíduos que sofrem de doenças auto-imunes, como o lúpus eritematoso sistémico (LES) e a esclerose múltipla (EM).

4. DESAFIOS E DIRECÇÕES FUTURAS

Preocupação ética: Embora as células estaminais adultas não suscitem as mesmas preocupações éticas que as células estaminais embrionárias, existem ainda dificuldades significativas na utilização de células estaminais produzidas a partir de órgãos específicos.

Reacções imunológicas: Os transplantes alogénicos (de um dador) podem ainda apresentar dificuldades devido a reacções imunológicas, mesmo que a utilização das células estaminais do próprio doente (transplante autólogo) reduza a probabilidade de rejeição.

Limite de proliferação: Em comparação com as células estaminais embrionárias, as células estaminais adultas têm uma capacidade de proliferação mais limitada, o que pode reduzir a sua eficácia em alguns tratamentos.

Investigação e desenvolvimento: Para ultrapassar os obstáculos técnicos e compreender melhor todo o potencial terapêutico das células estaminais adultas, é necessária mais investigação.

5. CÉLULAS ESTAMINAIS FETAIS

As células estaminais fetais são um tipo único e promissor de células estaminais derivadas de um feto em desenvolvimento. Até agora, a investigação com células estaminais fetais tem-se restringido a um pequeno número de tipos de células. Estes consistem em progenitores das ilhotas pancreáticas, células estaminais mesenquimais fetais, células estaminais da crista neural e células estaminais hematopoiéticas fetais. O cérebro fetal tem um grande número de células estaminais neurais, que podem desenvolver-se em células gliais e neuronais. A placenta, o cordão umbilical e o sangue fetal são fontes abundantes de células estaminais hematopoiéticas fetais. Estas células ganharam uma atenção significativa no domínio da medicina regenerativa devido à sua capacidade de se diferenciarem em vários tipos de células e ao seu potencial para tratar uma vasta gama de doenças.

Fontes de células estaminais fetais

Tecido fetal: Os tecidos de um feto em crescimento são utilizados para extrair estas células estaminais. Normalmente, os tecidos são retirados de abortos espontâneos ou planeados com a autorização do dador. Embora sejam mais especializadas do que as células estaminais embrionárias, as células estaminais provenientes desta fonte têm, no entanto, um grande potencial de desenvolvimento.

Sangue do cordão umbilical: As células estaminais hematopoiéticas, que podem desenvolver-se em todas as formas de células sanguíneas, são abundantes no sangue que permanece na placenta e no cordão umbilical após o parto. Normalmente, o sangue do cordão umbilical é recolhido após o nascimento e mantido em bancos de sangue do cordão umbilical para o caso de vir a ser necessário para fins médicos mais tarde.

Líquido amniótico: Durante a gravidez, o líquido amniótico envolve o feto e inclui células estaminais que podem ser extraídas através de uma operação conhecida como amniocentese. Estas células estaminais são consideradas menos controversas do ponto de vista ético do que as derivadas do tecido fetal e são capazes de se diferenciar em vários tipos de células.

Tipos de células estaminais fetais

As células estaminais fetais podem ser classificadas com base na sua potência e nos tipos de células em que se podem transformar:

Células estaminais hematopoiéticas: Encontradas no sangue do cordão umbilical, estas células são multipotentes, o que significa que podem dar origem a todos os diferentes tipos de células sanguíneas (glóbulos vermelhos, glóbulos brancos e plaquetas).

Células estaminais mesenquimais: Estas células podem desenvolver-se numa série de tipos de células, tais como células ósseas, cartilaginosas e adiposas. Encontram-se no líquido amniótico, na medula óssea do feto e no cordão umbilical. Também têm vários poderes.

Células estaminais neurais: Estas células podem diferenciar-se em qualquer tipo de célula do sistema nervoso, como neurónios, astrócitos e oligodendrócitos. Elas estão localizadas no cérebro do feto em crescimento.

Células-tronco do trofoblasto: O trofoblasto, uma camada do blastocisto que dá origem à placenta, é a fonte dessas células. Elas têm a capacidade de se diferenciar em vários tipos de células que compõem a placenta e são essenciais para o desenvolvimento da placenta.

Caraterísticas das células estaminais fetais

Plasticidade do desenvolvimento: A capacidade das células estaminais fetais para se diferenciarem numa gama mais vasta de tipos de células é superior à das células estaminais adultas. No entanto, são frequentemente menos maleáveis do que as células estaminais embrionárias pluripotentes.

Risco de rejeição reduzido: As células estaminais fetais são menos imunogénicas do que as células estaminais adultas quando utilizadas em terapia, o que significa que o sistema imunitário do recetor tem menos probabilidades de as rejeitar. Assim, podem ser mais adequadas para a medicina regenerativa e o transplante.

Elevada capacidade proliferativa: A capacidade das células estaminais fetais para se dividirem e proliferarem rapidamente é conhecida como a sua elevada capacidade de proliferação. Por conseguinte, são adequadas para utilizações que exijam um elevado volume de células.

Aplicações das células estaminais fetais

Medicina regenerativa: Está a ser estudada a capacidade das células estaminais fetais para reparar tecidos e órgãos danificados. Podem ser utilizadas, por exemplo, para substituir neurónios destruídos em doenças neurodegenerativas como Parkinson ou Alzheimer, regenerar tecido da espinal medula em situações de lesão da espinal medula e reparar tecido cardíaco danificado após um ataque cardíaco.

Tratamento de doenças do sangue: Leucemia, linfoma e anemia são apenas algumas das doenças do sangue que estão agora a ser tratadas com células estaminais hematopoiéticas derivadas do sangue do cordão umbilical. O sistema imunitário e o sangue total do doente podem ser restaurados por estas células.

Transplante de órgãos e tecidos: Estão a ser realizados estudos para verificar se as células estaminais fetais podem produzir órgãos e tecidos para transplante, o que poderá ajudar a resolver a escassez de órgãos.

Investigação e desenvolvimento de medicamentos: As células estaminais fetais são também valiosas para a investigação e o desenvolvimento de medicamentos. Podem ser utilizadas para criar modelos de doenças para estudar várias condições, o que pode levar ao desenvolvimento de novos medicamentos e terapias.

6. CÉLULAS **ESTAMINAIS EMBRIONÁRIAS**

As células estaminais embrionárias (CTE) são células estaminais pluripotentes derivadas da massa celular interna de um blastocisto, um embrião em fase inicial de pré-implantação. Quatro a cinco dias após a fertilização, os embriões humanos atingem o estádio de blastocisto, quando são constituídos por cinquenta a cento e cinquenta células. O potencial terapêutico das células estaminais embrionárias está atualmente a ser alvo de grande atenção por parte dos investigadores, com vários laboratórios a esperarem utilizá-las em contextos clínicos. As aplicações potenciais incluem o tratamento de doenças cardíacas e da diabetes. As células estão a ser investigadas para potencial utilização na reparação celular/do ADN, na terapia terapêutica e em modelos de doenças genéticas. Consequências adversas, como malignidades, foram observadas em operações clínicas e científicas.

História

- 1964: Lewis Kleinsmith e G. Barry Pierce Jr. isolaram um único tipo de célula de um teratocarcinoma, um tumor atualmente conhecido a partir de uma célula germinal. Estas células isoladas do teratocarcinoma replicaram-se e cresceram em cultura celular como uma célula estaminal e são agora conhecidas como células de carcinoma embrionário (CE).
- 1981: As células estaminais embrionárias (células ES) foram derivadas pela primeira vez de forma independente a partir de embriões de ratinho por dois grupos. Martin Evans e Matthew Kaufman, do Departamento de Genética da Universidade de

Cambridge, publicaram a primeira publicação em julho, revelando uma nova técnica de cultura de embriões de ratinho no útero que permitia aumentar o número de células, possibilitando a derivação de células ES a partir destes embriões.

- 1989: Mario R. Cappechi, Martin J. Evans e Oliver Smithies publicam a sua investigação que descreve o isolamento e as modificações genéticas de células estaminais embrionárias, criando os primeiros "ratos knockout"
- 1996: Dolly foi o primeiro mamífero clonado a partir de uma célula adulta pelo Instituto Roslin da Universidade de Edimburgo. Esta experiência instituiu a proposição de que as células adultas especializadas obtêm a composição genética para realizar uma tarefa específica, o que estabeleceu uma base para a investigação posterior no âmbito de uma variedade de técnicas de clonagem.
- 2001: O Presidente George W. Bush autoriza o financiamento federal para apoiar a investigação de cerca de 60 linhas de células estaminais embrionárias já existentes.
- 2006: Os cientistas japoneses Shinya Yamanaka e Kazutoshi Takashi publicam um artigo que descreve a indução de células estaminais pluripotentes a partir de culturas de fibroblastos de ratos adultos.
- janeiro de 2009: A Food and Drug Administration (FDA) dos EUA aprova a fase I do ensaio da Geron Corporation do seu tratamento para lesões da espinal medula derivado de células estaminais embrionárias humanas.
- março de 2009: O Presidente Barack Obama assina a Ordem Executiva 13505, que elimina as restrições impostas pela anterior administração presidencial ao financiamento federal de células estaminais humanas. Isto permitiria aos Institutos Nacionais de Saúde (NIH) financiar a investigação em hESC.

Caraterísticas das células estaminais embrionárias:

Pluripotência:

Quase todos os tipos de células, incluindo células sanguíneas, neuronais e musculares, podem desenvolver-se a partir de CTE. Esta caraterística torna-as incrivelmente importantes para estudo, uma vez que podem levar à reparação de tecidos após doença ou dano e à terapia regenerativa.

Auto-renovação:

Em cultura, as CTE podem dividir-se e multiplicar-se infinitamente sem se alterarem do seu estado indiferenciado. Devido a esta caraterística, os cientistas conseguem cultivar grandes quantidades de células estaminais para fins de investigação ou para aplicações medicinais.

Crescimento:

As CTE dividem-se muito frequentemente devido a uma fase G1 mais curta do seu ciclo celular. A divisão celular rápida promove um crescimento celular rápido, mas à custa da constância de tamanho, que é crítica para o desenvolvimento embrionário inicial. As proteínas relacionadas com a transição G1/S, ciclina A e ciclina E, são sempre muito expressas nas CTEs. Parte da razão para a sobreactividade das cinases dependentes de ciclina, como a CDK2, que encoraja o avanço do ciclo celular, é a desregulação dos seus inibidores.

Aplicações:

Investigação fundamental: As CTE são utilizadas para estudar o desenvolvimento humano inicial, as doenças genéticas e os mecanismos de diferenciação celular.

Medicina regenerativa: Têm potencial para tratar doenças como a doença de Parkinson, lesões na espinal medula e diabetes, substituindo células danificadas ou disfuncionais.

Teste de medicamentos: As CTE podem ser utilizadas para analisar a toxicidade e a eficácia de novos medicamentos.

As células estaminais embrionárias são uma ferramenta poderosa na biologia e na medicina, mas a sua utilização deve equilibrar o potencial científico com considerações éticas.

Considerações éticas:

Quando a extração de ESCs implica a morte de um embrião, a sua utilização é controversa. Este facto levanta questões morais, especialmente em relação ao estatuto moral do embrião. Por conseguinte, vários países têm leis rigorosas que regem a investigação que utiliza CTE.

7. FACTORES DE REPROGRAMAÇÃO CELULAR

A reprogramação celular é um processo pelo qual uma célula diferenciada e especializada é induzida a reverter para um estado mais primitivo e indiferenciado, normalmente semelhante a uma célula estaminal embrionária. Esta reversão permite que a célula se diferencie potencialmente em vários tipos de células, oferecendo um potencial significativo em medicina regenerativa, modelação de doenças e descoberta de medicamentos.

Conceitos em Reprogramação Celular:

1. Pluripotência: A capacidade de uma célula se diferenciar em praticamente qualquer outro tipo de célula do corpo. Todos os muitos tipos de células que compõem o corpo podem desenvolver-se a partir de células pluripotentes.

2. Células diferenciadas: São células do corpo, como as células musculares, neuronais ou da pele, que desempenham um papel específico. São frequentemente incapazes de se transformar em diferentes tipos de células e mantêm uma identidade fixa.

3. Células estaminais pluripotentes induzidas (iPSCs): As células adultas podem ser utilizadas para criar diretamente este tipo de células estaminais pluripotentes. São produzidas através da inserção de genes específicos em células adultas, o que faz com que se tornem mais parecidas com embriões.

Factores de reprogramação:

Os factores de reprogramação são proteínas especializadas que são injectadas numa célula diferenciada para a fazer reverter para um estado pluripotente. Estas proteínas são frequentemente factores de transcrição. O grupo mais conhecido de factores de reprogramação é também designado por factores Yamanaka, em homenagem a Shinya Yamanaka, que em 2006 fez a primeira demonstração da reprogramação de células adultas em células estaminais pluripotentes induzidas.

Os factores Yamanaka incluem:

1. *Oct4 (fator de transcrição de ligação ao octâmero 4):* Necessário para preservar

capacidade de auto-renovação e pluripotência das células estaminais embrionárias.
2. *Sox2 (SRY-box 2):* Coopera estreitamente com Oct4 para controlar os genes essenciais à indiferenciação das células estaminais.
3. *Fator 4 semelhante ao Krupple (Klf4):* Controla a sobrevivência, a diferenciação e a proliferação das células. Contribui para a preservação da pluripotência das células estaminais.
4. *c-Myc:* Um proto-oncogene que controla o desenvolvimento e a multiplicação das células. Melhora a eficiência do processo durante a reprogramação, mas também aumenta a possibilidade de cancro.

Fases da reprogramação

A reprogramação é definida em três fases: iniciação, maturação e estabilização.

Iniciação

Os genes pluripotentes são regulados positivamente, enquanto os genes específicos do tipo de célula são regulados negativamente durante a fase de iniciação. A atividade da telomerase é desencadeada para alongar os telómeros quando as células progridem para a pluripotência. À medida que a célula se modifica para se preparar para a expressão genética da pluripotência, a morfologia da célula pode ter um impacto direto no processo de reprogramação. A expressão dos genes iniciais relacionados com a pluripotência é o principal sinal de que a fase de iniciação terminou. Isto envolve a perda de apoptose e senescência, bem como a expressão de Oct-4 ou da proteína Homeobox NANOG durante a transição mesenquimal-epitelial (MET). A fase de iniciação é concluída através de uma de três vias: transferência nuclear, fusão celular ou factores específicos como o microRNA, factores de transcrição, marcadores epigenéticos e outras moléculas.

Maturação

Os primeiros genes pluripotentes a expressarem-se coincidem com a conclusão da fase de iniciação, marcando o início da fase de maturação. A célula está a preparar-se para funcionar sem os estímulos específicos que iniciaram o processo de reprogramação. O Sox2 foi descoberto mais tarde nas iPSCs, embora o Oct4, a proteína Homeobox NANOG e o Esrrb tenham sido identificados inicialmente. O silenciamento do transgene assinala o início da independência da célula em relação ao fator de transcrição estimulado nas últimas fases da maturação. A fase de maturação chega ao fim e a fase de estabilização começa assim que a célula se torna autónoma.

Estabilização

As acções que ocorrem na célula depois de esta atingir a pluripotência são designadas por fase de estabilização. A expressão de Sox2 e a reativação do cromossoma X são exemplos de marcadores genéticos, ao passo que o alongamento dos telómeros pela telomerase e a perda de memória epigenética da célula são exemplos de modificações epigenéticas. As alterações na metilação do ADN, mediadas pela citidina desaminase induzida pela ativação (AID), pelas enzimas TET (TET) e pela ADN metiltransferase (DMNTs), redefinem a memória epigenética de uma célula, começando na fase de maturação e continuando até à fase de estabilidade. O potencial de diferenciação nas três camadas germinativas é atingido quando a memória epigenética da célula desaparece. Dado que pode passar sem voltar ao seu tipo de célula somática de origem, esta célula é considerada como completamente reprogramada.

Mecanismo de reprogramação:

Quando estas substâncias são introduzidas numa célula diferenciada, o resultado são alterações na expressão dos genes que devolvem a célula ao seu estado pluripotente e a fazem perder as suas caraterísticas especializadas.

Este processo inclui:

- Alterações epigenéticas, que incluem modificações do ADN e das histonas que afectam a expressão genética.
- A estrutura da cromatina da célula é reorganizada.
- A regulação positiva dos genes ligados à diferenciação e a ativação dos genes associados à pluripotência.

Aplicações:

Modelação de doenças: As iPSC derivadas de doentes com doenças genéticas podem ser utilizadas para estudar o mecanismo das doenças.

Rastreio de medicamentos: as iPSC podem ser diferenciadas em vários tipos de células e utilizadas para testar os efeitos de novos medicamentos.

Medicina regenerativa: as iPSC podem ser utilizadas para gerar células específicas dos doentes para transplante, com potencial para tratar doenças como a doença de Parkinson, diabetes e lesões da espinal medula.

Desafios:

Eficiência: Apenas uma pequena parte das células sofre efetivamente a reprogramação para se tornarem iPSCs, o que indica que o processo é geralmente ineficiente.
Estabilidade genómica: Durante a reprogramação, existe a

possibilidade de ocorrerem aberrações cromossómicas ou mutações. *Tumorigénese:* A utilização de alguns factores, como o c-Myc, pode aumentar a probabilidade de desenvolvimento de cancro, o que dificulta as aplicações terapêuticas.

8. CÉLULAS ESTAMINAIS PLURIPOTENTES INDUZIDAS (CÉLULAS IPS OU IPSC)

Um tipo de célula estaminal pluripotente que pode ser produzido diretamente a partir de uma célula somática é designado por célula estaminal pluripotente induzida (célula iPS ou iPSC). Shinya Yamanaka e Kazutoshi Takahashi, de Quioto, Japão, inventaram a tecnologia das células estaminais pluripotentes induzidas (iPSC) quando demonstraram conjuntamente, em 2006, que as células somáticas se podiam transformar em células estaminais pluripotentes através da introdução de quatro genes específicos (Myc, Oct3/4, Sox2 e Klf4) que codificam factores de transcrição. Estes genes são coletivamente designados por factores Yamanaka. Juntamente com Sir John Gurdon, Shinya Yamanaka recebeu o Prémio Nobel de 2012 "pela descoberta de que as células maduras podem ser reprogramadas para se tornarem pluripotentes".

A descoberta das células estaminais pluripotentes induzidas, ou iPSC, revolucionou os domínios da investigação em células estaminais e da medicina regenerativa. Trata-se de células adultas que foram submetidas a uma reprogramação genética para se assemelharem a células estaminais embrionárias, como as células da pele ou do sangue. A sua pluripotência - a capacidade de se desenvolverem em qualquer tipo de célula do corpo - é o resultado desta reprogramação.

Mecanismo de Reprogramação

O processo de criação de iPSCs envolve várias etapas:

1. **Colheita de células**: Normalmente, a pele ou o sangue de um paciente são utilizados para colher células.

2. Introdução do gene: São utilizados vectores virais ou outros métodos de entrega para introduzir os factores Yamanaka nestas células. Estes estímulos activam os genes necessários, reprogramando as células adultas para se tornarem pluripotentes.
3. Cultura de células: Após a reprogramação, as células são cultivadas e multiplicadas em laboratório. Acabam por apresentar caraterísticas semelhantes às das células estaminais embrionárias, como a capacidade de se desenvolverem em diferentes tipos de células.

Aplicações das iPSCs

As iPSC têm um enorme potencial em vários domínios:

- As iPSC têm o potencial de substituir ou reparar tecidos e órgãos danificados na medicina regenerativa. No caso de indivíduos que sofrem de doenças cardíacas, as iPSC podem ser utilizadas para criar novas células do músculo cardíaco.
- Terapia genética: antes de devolver as células ao doente, as iPSC oferecem uma plataforma para a reparação de falhas genéticas nas células.
- Testes de medicamentos: Na medicina personalizada, em que os medicamentos são testados em iPSCs produzidas a partir de doentes para antecipar a sua resposta, as iPSCs podem ser utilizadas para testar a segurança e eficácia de novos produtos farmacêuticos.
- Modelação de doenças: Ao gerar iPSCs a partir de indivíduos com determinadas doenças, os investigadores podem examinar o início e a evolução da doença num ambiente controlado.

Vantagens e desafios

Vantagens:

- Benefícios éticos: As iPSC são moralmente mais aceitáveis do que as células estaminais embrionárias, uma vez que não necessitam de matar embriões.
- Medicina personalizada: A imunoterapia com iPSCs reduz a possibilidade de rejeição imunológica, uma vez que as células podem ser geradas a partir de células do próprio doente.
- Versatilidade: As iPSC têm uma vasta gama de utilizações em terapia e investigação, uma vez que podem desenvolver-se em qualquer tipo de célula.

Desafios:

- Estabilidade genética: Podem ser introduzidas alterações genéticas durante o processo de reprogramação, que podem resultar em cancro ou outros problemas.
- Eficácia: Apenas uma pequena proporção de células passa efetivamente pelo processo de reprogramação para se tornarem iPSCs, o que o torna um procedimento muito ineficaz.

- Memória epigenética: As iPSC têm a capacidade de reter a "memória" do seu tipo de célula de origem, o que pode restringir a sua aplicabilidade em contextos específicos e afetar a sua capacidade de diferenciação.

9. CÉLULAS ESTAMINAIS PLURIPOTENTES INDUZIDAS QUIMICAMENTE

À semelhança das células estaminais pluripotentes induzidas (iPSC), as células estaminais pluripotentes induzidas quimicamente (CiPSC) são um subconjunto de células estaminais pluripotentes. As CiPSC são reprogramadas utilizando moléculas minúsculas, ou compostos químicos, que podem induzir a pluripotência em células somáticas, em vez de serem reprogramadas pela inserção de genes específicos.

Descoberta e desenvolvimento

O objetivo era descobrir uma forma menos invasiva, mais segura e talvez mais controlada de produzir células estaminais pluripotentes do que a modificação genética. Isto levou ao desenvolvimento da ideia de células estaminais pluripotentes induzidas, ou CiPSC. Em 2013, bastou um modesto cocktail de produtos químicos para que os investigadores, incluindo Hongkui Deng e os seus colegas da Universidade de Pequim, reprogramassem eficazmente as células somáticas de ratinhos em células estaminais pluripotentes, o que constituiu um grande avanço neste domínio.

Mecanismo de Reprogramação

A reprogramação de células somáticas em CiPSCs envolve as seguintes etapas:

1. Seleção de células: As células somáticas são selecionadas para reprogramação, como os fibroblastos, um tipo de célula da pele.

2. Indução química: Estas células são expostas a uma mistura de pequenas substâncias químicas. Estes compostos alteram determinadas vias de sinalização celular e alterações epigenéticas. Entre as vias importantes implicadas estão a estimulação da sinalização Wnt e a supressão da sinalização MEK/ERK (proteína quinase activada por mitogénio/quinase regulada por sinal extracelular). Estas substâncias aumentam a expressão dos genes ligados à pluripotência, imitando a ação dos factores Yamanaka.

3. Obtenção de pluripotência: As células somáticas tratadas acabam por apresentar marcadores de pluripotência, o

que significa que a sua reprogramação em CiPSCs foi eficaz. Para outras aplicações, estas células podem ser subsequentemente cultivadas e multiplicadas.

Vantagens das CiPSC

Controlo e reversibilidade: A utilização de moléculas minúsculas permite um maior controlo sobre o processo de reprogramação. Os produtos químicos têm frequentemente efeitos reversíveis, o que acrescenta um outro grau de segurança em ambientes medicinais e experimentais.

Eficiência: É possível melhorar o processo de reprogramação química para aumentar a eficiência, o que pode resultar numa redução do tempo e dos materiais necessários para criar células pluripotentes.

Segurança: Uma vez que a modificação genética e os vectores virais podem potencialmente conduzir a mutações ou ativar oncogenes (genes causadores de cancro), as CiPSC evitam estes métodos, tornando-as potencialmente mais seguras para utilização terapêutica.

Escalabilidade: A geração em grande escala de células pluripotentes para fins terapêuticos ou para o rastreio de medicamentos pode ser facilitada pela reprogramação química.

Desafios e limitações

Reprodutibilidade: Continua a ser um desafio, uma vez que é difícil obter resultados consistentes em diferentes tipos de células e condições laboratoriais. O processo é relativamente novo e os protocolos normalizados ainda não foram totalmente estabelecidos.

Aplicação em seres humanos: Embora tenha sido possível criar eficazmente CRISPRs a partir de células de ratinho, é mais difícil aplicar esta tecnologia a células humanas. Para uma reprogramação eficaz, as células humanas podem necessitar de componentes químicos diferentes ou adicionais.

Complexidade dos cocktails químicos: Pode ser necessária uma mistura complicada de substâncias químicas minúsculas para reprogramar as células, e não se sabe exatamente como é que estas substâncias provocam a pluripotência.

Possíveis efeitos fora do alvo: Como em qualquer terapia química, existe a possibilidade de as pequenas moléculas afectarem involuntariamente outros processos celulares.

As CiPSCs podem ser utilizadas em várias aplicações semelhantes às das iPSCs, como a descoberta de medicamentos, a medicina regenerativa e a modelação de doenças. No entanto, são especialmente apelativas para aplicações terapêuticas devido à sua base química, que oferece benefícios adicionais em termos de segurança e escalabilidade.

10. CÉLULAS PROGENITORAS DERIVADAS DE iPSC

As células progenitoras produzidas a partir de células estaminais pluripotentes induzidas (iPSCs) são células que foram submetidas a diferenciação num tipo de célula mais especializado, mas imaturo. Estas células progenitoras representam um passo transitório essencial na formação de células e tecidos adultos. Ao contrário das iPSCs iniciais, que são pluripotentes e podem transformar-se em qualquer tipo de célula do corpo, estas são mais dedicadas a uma única linhagem, embora ainda tenham a capacidade de se diferenciar em tipos de células distintos.

Processo de diferenciação

O processo de geração de células progenitoras derivadas de iPSC envolve várias etapas fundamentais:

1. **Indução da pluripotência:** Utilizando os factores Yamanaka (OCT4, SOX2, KLF4 e c-MYC) ou outras técnicas não tradicionais, como a reprogramação química, as células somáticas adultas são primeiro convertidas em iPSCs.
2. **Diferenciação guiada:** Após exposição a determinados factores de crescimento, moléculas de sinalização e condições de cultura, as iPSCs são orientadas para se diferenciarem numa linhagem específica. Por exemplo, as iPSCs podem ser tratadas com substâncias que apoiam o desenvolvimento do cérebro, incluindo o ácido retinóico ou o sonic hedgehog (Shh), de modo a gerar células progenitoras neurais (NPCs).
3. **Formação de células progenitoras:** As iPSCs passam por uma fase intermédia de diferenciação antes de se tornarem células progenitoras. Estas células não estão totalmente amadurecidas, mas estão vocacionadas para se tornarem um determinado tipo de célula e são de certa forma especializadas. Exemplos incluem as células progenitoras neurais, as células progenitoras cardíacas e as células progenitoras hematopoiéticas.

Tipos de células progenitoras derivadas de iPSC

- **Células Progenitoras Neurais (NPCs):** Estas células podem diferenciar-se em diferentes tipos de neurónios, astrócitos e oligodendrócitos. São produzidas a partir de iPSCs. São utilizadas na investigação de doenças neurodegenerativas, como Parkinson e Alzheimer, para além da criação de terapias para lesões da espinal medula.

- **Células Progenitoras Cardíacas (CPCs):** Os cardiomiócitos, ou células do músculo cardíaco, as células endoteliais, ou células que revestem os vasos sanguíneos, e as células do músculo liso descendem todas de células progenitoras cardíacas, ou CPC. Está a ser feita investigação sobre estes progenitores em relação a tratamentos regenerativos para doenças cardíacas.

- **Células progenitoras hematopoiéticas:** Os glóbulos vermelhos, os glóbulos brancos e as plaquetas podem ser formados a partir destes progenitores. As células progenitoras hematopoiéticas produzidas a partir de células estaminais pluripotentes induzidas podem ser utilizadas no tratamento de doenças do sangue, como a anemia e a leucemia.

- **Células Progenitoras Mesenquimais (MPCs):** As MPC podem desenvolver-se em células de gordura, cartilagem e osso. São produzidas a partir de iPSCs. A sua potencial aplicação na cicatrização de feridas e em tratamentos regenerativos de doenças dos ossos e das articulações está atualmente a ser investigada.

Aplicações das células progenitoras derivadas de iPSC

- **Modelação de doenças:** Utilizando células progenitoras produzidas a partir de iPSCs, os cientistas podem examinar o início e o curso de várias doenças num ambiente controlado. Por exemplo, os progenitores cardíacos podem ser utilizados para investigar doenças cardíacas, enquanto os neurónios produzidos a partir de NPCs podem ser utilizados para simular doenças neurodegenerativas.
- **Rastreio de medicamentos:** Utilizando estas células progenitoras, os novos medicamentos podem ser avaliados quanto à sua segurança e eficácia. Os cientistas podem compreender melhor o impacto de um medicamento em vários indivíduos utilizando progenitores derivados de iPSC específicos de cada doente, o que abre a porta a um tratamento personalizado.
- **Terapia celular:** A utilização de progenitores derivados de iPSC na terapia celular tem um enorme potencial para a medicina

regenerativa. Em doenças como a insuficiência cardíaca, a doença de Parkinson e as lesões da espinal medula, podem ser utilizadas para substituir células doentes ou danificadas. Por exemplo, as células progenitoras cardíacas podem ser transplantadas para um doente para reparar o tecido cardíaco após um ataque cardíaco.

- **Engenharia de tecidos:** Podem ser criados órgãos ou enxertos de tecidos utilizando células progenitoras produzidas a partir de células estaminais pluripotentes induzidas (iPSCs). Estes tecidos artificiais podem ser utilizados para investigar o crescimento e a função dos tecidos humanos em laboratório ou para substituir tecidos danificados em doentes.

Vantagens e desafios

Vantagens:

- **Personalização:** Ao criar células progenitoras derivadas de iPSC a partir das células do próprio doente, as rejeições imunológicas em tratamentos baseados em células podem ser minimizadas. - **Versatilidade:** São incrivelmente adaptáveis tanto para investigação como para aplicações terapêuticas, uma vez que podem diferenciar-se numa grande variedade de tipos de células. - **Considerações éticas**: As células progenitoras derivadas de iPSCs, tal como as iPSCs, estão livres dos dilemas morais levantados pela utilização de células estaminais embrionárias.

Desafios:

- **Eficiência da diferenciação:** Continua a ser difícil diferenciar as iPSCs em células progenitoras de forma consistente e eficaz. O procedimento pode ser difícil e moroso. - **Maturidade e funcionalidade:** Um outro grande problema é garantir que as células progenitoras produzidas a partir de iPSCs são completamente funcionais e suficientemente maduras para utilização terapêutica. Quando transplantadas em doentes, as células imaturas ou parcialmente diferenciadas podem não ter o desempenho pretendido. - **Segurança:** Se as células derivadas de iPSC não forem totalmente diferenciadas antes do transplante, existe o risco de se transformarem em tumores.

11. ORGANOIDES

Um organoide é uma réplica tridimensional, miniaturizada e simplificada de um órgão que é criada in vitro e reproduz a complexidade estrutural, biológica e funcional essencial do órgão original. Provém de uma única ou de um pequeno número de células derivadas de tecidos, de células estaminais embrionárias ou de células estaminais pluripotentes induzidas. Devido à sua capacidade de diferenciação e auto-renovação, estas células podem auto-organizar-se em cultura tridimensional. Desde o início da década de 2010, o método de cultivo de organoides tem avançado rapidamente, e a revista The Scientist considerou-o uma das maiores descobertas científicas de 2013. Os organoides são utilizados por investigadores e engenheiros para investigar doenças e desenvolvimento em laboratório, bem como para medicina e diagnóstico personalizados, tratamentos genéticos e celulares, engenharia de tecidos e medicina regenerativa.

História: Henry Van Peters Wilson demonstrou que células de esponja mecanicamente dissociadas podem reagregar-se e auto-organizar-se para gerar um organismo inteiro. Nas décadas seguintes, vários laboratórios conseguiram gerar diferentes tipos de órgãos *in vitro* através da dissociação e reagregação de tecidos de órgãos obtidos de anfíbios e de pintos embrionários. A formação das primeiras colónias semelhantes a tecidos *in vitro* foi observada pela primeira vez através da co-cultura de queratinócitos e fibroblastos 3T3. O advento do campo dos organóides começou com uma mudança da cultura e diferenciação de células estaminais em meios bidimensionais (2D) para meios tridimensionais (3D), de modo a permitir o desenvolvimento das complexas estruturas tridimensionais dos órgãos. No final da década de 1980, Bissell e colegas demonstraram que um gel rico em laminina pode ser utilizado como membrana basal para a diferenciação e morfogénese em culturas celulares de células epiteliais mamárias. Em 2014, Qun Wang e colaboradores conceberam géis à base de colagénio I e laminina e biomateriais de espuma sintética para a cultura e entrega de organoides intestinais e encapsularam nanopartículas de ouro funcionalizadas com ADN em organoides intestinais para formar um cavalo de Troia intestinal para entrega de medicamentos e terapia genética.

Outros avanços iniciais significativos incluíram, em 2013, Madeline Lancaster, do Instituto de Biotecnologia Molecular da Academia Austríaca de Ciências, que estabeleceu um protocolo a partir de células estaminais pluripotentes para gerar organoides cerebrais que imitam a organização celular do cérebro humano em desenvolvimento. Meritxell Huch e Craig Dorrell, do Instituto Hubrecht e do Centro Médico Universitário de Utrecht, demonstraram que células Lgr5+ isoladas de fígado de ratinho danificado podem ser expandidas clonalmente como organoides hepáticos num meio de cultura à base de Rspo1 durante vários meses. Em 2014, Artem Shkumatov et al. da Universidade de Illinois em Urbana-Champaign demonstraram que os organoides cardiovasculares podem ser formados a partir de células ES através da modulação da rigidez do substrato ao qual aderem. A rigidez fisiológica promoveu a tridimensionalidade dos EBs e a diferenciação cardiomiogénica.

Tipos de organoides

1. **Organoides cerebrais:**
   - Derivados de células estaminais neurais, estes organoides imitam várias regiões do cérebro.

- Estudo das doenças neurológicas, do desenvolvimento do cérebro e da formação de redes neuronais.

2. **Organóides hepáticos:**
   - Gerados a partir de células estaminais hepáticas ou de células estaminais pluripotentes induzidas (iPSC), estes organóides imitam o tecido hepático.
   - Estudo das doenças do fígado, do metabolismo dos medicamentos e da regeneração do fígado.
3. **Organoides intestinais:**
   - Estas são formadas a partir de células estaminais intestinais e reproduzem a estrutura e a função do intestino.
   - Investigação sobre doenças gastrointestinais, interações do microbiota intestinal, absorção de medicamentos e medicina personalizada.
4. **Organoides pulmonares:**
   - Criados a partir de células epiteliais do pulmão ou de iPSC, estes organóides imitam as estruturas das vias respiratórias e alveolares do pulmão.
   - Estudar doenças pulmonares, incluindo a COVID-19, a fibrose cística e o cancro do pulmão, e testar a resposta aos medicamentos.
5. **Organóides pancreáticos**:
   - Derivadas de células estaminais pancreáticas, assemelham-se à estrutura do pâncreas, em particular das ilhotas.
   - Investigação sobre diabetes, cancro do pâncreas e função das células das ilhotas.
6. **Organoides renais:**
   - Desenvolvidas a partir de células estaminais pluripotentes, reproduzem as estruturas e funções dos rins primitivos.
   - Investigação sobre o desenvolvimento dos rins, ensaios de nefrotoxicidade e modelação de doenças renais.
7. **Organóides do coração:**

- Desenvolvidos a partir de células estaminais cardíacas ou iPSC, estes organóides reproduzem o tecido cardíaco.
- Estudar o desenvolvimento do coração, as doenças cardíacas e testar a cardiotoxicidade dos medicamentos.

8. **Organóides da pele:**
   - Desenvolvidas a partir de células estaminais da pele, reproduzem várias camadas da pele.
   - Investigação sobre doenças da pele, cicatrização de feridas e testes de cosméticos e tratamentos dermatológicos.

Aplicações dos organóides

Despistagem de drogas e toxicologia:

Oferecem uma plataforma para o rastreio toxicológico e de medicamentos de elevado rendimento, o que reduz a necessidade de modelos animais e aumenta a capacidade de antecipar as reacções humanas.

Medicina personalizada:

As reacções aos medicamentos podem ser testadas utilizando organóides produzidos a partir de doentes, o que permite a criação de regimes de tratamento individualizados.

Modelação de doenças:

Ao simular circunstâncias de doença num ambiente controlado, os organóides permitem investigar os processos de doença, a sua progressão e possíveis terapias.

Medicina regenerativa:

Os organoides têm potencial para terapias regenerativas, como a reparação ou substituição de órgãos e a engenharia de tecidos.

Investigação sobre Doenças Infecciosas:

Os organóides são utilizados para estudar a forma como os agentes patogénicos interagem com os tecidos humanos, como se viu na investigação de vírus como o SARS-CoV-2.

Biologia do desenvolvimento:

O estudo dos organóides ajuda os investigadores a compreender os processos de desenvolvimento e diferenciação dos órgãos humanos.

Investigação sobre o cancro:

Ao criar organóides tumorais a partir de células cancerígenas de doentes, é possível investigar a biologia do cancro e testar medicamentos anti-cancro de acordo com o doente individual.

12. BIOIMPRESSÃO TRIDIMENSIONAL (3D)

Utilizando células e biomateriais, a bioimpressão tridimensional (3D) é uma técnica sofisticada que constrói estruturas biológicas complexas, como tecidos e órgãos, camada por camada. Semelhante à impressão 3D tradicional, a bioimpressão 3D utiliza biotintas, que são compostas por células vivas e biomateriais de suporte, em vez de plásticos ou metais.

Conceitos básicos da bioimpressão 3D

Bio-tinta: Definida como uma substância que contém células vivas utilizada na bioimpressão 3D, a tinta biológica é frequentemente combinada com hidrogel ou outros biomateriais para oferecer suporte estrutural.

Composição: Geralmente é composta por uma suspensão de células numa matriz biocompatível (gelatina, colagénio ou alginato), que oferece as condições adequadas para que as células resistam, se multipliquem e desempenhem as funções pretendidas após a impressão.

Bioimpressoras: Tipos: Existem vários tipos de bioimpressoras 3D que depositam a tinta biológica através de vários métodos. Os tipos mais comuns consistem em:

Bioimpressoras baseadas em extrusão: Utilizam mecanismos mecânicos ou pneumáticos para pressionar camada a camada a tinta biológica sobre um substrato através de um bocal.

Bioimpressoras a jato de tinta: Estas máquinas funcionam de forma semelhante às impressoras de jato de tinta, depositando gotículas de tinta biológica sobre um substrato de forma regulada.

Bioimpressoras assistidas por laser: Utilizam impulsos de laser para impulsionar as células de uma camada de tinta biológica para o substrato, permitindo uma elevada precisão.

Andaimes

Objetivo: Os andaimes dão às células uma estrutura transitória sobre a qual podem aderir, proliferar e construir tecidos. Uma vez que frequentemente se biodegradam, à medida que o tecido cresce, as células podem tomar o lugar do material do andaime.

Materiais: Pode ser utilizada uma variedade de materiais biocompatíveis, tais como matrizes extracelulares descelularizadas, biomateriais naturais ou polímeros sintéticos, para criar andaimes.

Montagem camada a camada:

Método: Na bioimpressão 3D, os tecidos são construídos através da aplicação de bio-tintas camada a camada, permitindo o posicionamento exato de vários materiais e tipos de células. Isto assemelha-se à arquitetura natural dos órgãos e dos tecidos.

Após o processamento:

Maturação: A estrutura bioimpressa tem normalmente de ser submetida a uma fase de maturação após a impressão, durante a qual é incubada num ambiente controlado (temperatura, humidade, saturação de oxigénio) para permitir que as células proliferem, se diferenciem e formem tecidos funcionais.

Procedimento para a bioimpressão 3D

Pré-impressão:

Modelação e desenho: Com o software de desenho assistido por computador (CAD), o tecido ou órgão desejado é representado como um modelo digital 3D. A bioimpressora segue este paradigma para colocar a tinta biológica com precisão. Seleção da tinta biológica: As células e os biomateriais adequados são escolhidos e preparados para a impressão de acordo com o tipo de tecido ou órgão que está a ser impresso.

Impressão:

Deposição de camadas: Utilizando o modelo digital como guia, a bioimpressora aplica a tinta biológica camada a camada. É possível duplicar a estrutura complexa do tecido depositando determinados tipos de células e componentes em regiões específicas. Reticulação: Para garantir a estabilidade e a retenção da forma, algumas bio-tintas precisam de ser reticuladas, o que é uma ligação química ou física que solidifica a estrutura durante ou após a impressão.

Pós-impressão:

Maturação: Para incentivar o desenvolvimento das células e a maturação dos tecidos, o tecido impresso é incubado em circunstâncias ideais. Nesta fase, as células começam a interagir, a juntar-se em matrizes extracelulares e a amadurecer em tecidos úteis.

Testes e validação: Antes de ser utilizado em aplicações terapêuticas ou de investigação, o tecido bioimpresso é testado para garantir que satisfaz as qualidades mecânicas e biológicas necessárias.

Aplicações da bioimpressão 3D

Engenharia de Tecidos e Medicina Regenerativa:

Reabilitação e substituição de tecidos: Enxertos de pele para doentes queimados e cartilagem para reabilitação de articulações são dois exemplos de órgãos danificados que podem ser reparados através da bioimpressão 3D. Transplante de órgãos: A bioimpressão 3D tem o potencial de produzir órgãos completamente funcionais, como rins ou fígados, para transplante, aliviando a questão da escassez de órgãos, no entanto, ainda está nas suas fases iniciais de investigação.

Ensaio e desenvolvimento de medicamentos:

Ensaios farmacêuticos: Os tecidos bioimpressos oferecem uma representação mais exacta da resposta dos tecidos humanos nos ensaios de medicamentos, em comparação com os métodos tradicionais, como os ensaios em animais.

Rastreio toxicológico: Nas fases iniciais do desenvolvimento de medicamentos, os potenciais efeitos secundários podem ser detectados através da avaliação da toxicidade de novos medicamentos em tecidos bioimpressos.

Investigação sobre o cancro:

Modelos de tumores: Modelos precisos de tumores podem ser produzidos por bioimpressão 3D, o que permite aos investigadores acompanhar a evolução da doença e testar novas terapias num ambiente seguro. Medicina personalizada: Próteses e implantes personalizados: A bioimpressão 3D permite a produção de próteses e implantes. Modelação de doenças: Os tecidos que representam determinadas doenças podem ser impressos utilizando células derivadas de doentes, abrindo a porta a estratégias terapêuticas individualizadas.

Ferramentas de investigação e educação:

Modelos anatómicos: Os modelos bioimpressos em 3D de órgãos e tecidos humanos são recursos úteis para a educação médica e cirúrgica. Investigação básica: Ao utilizar tecidos bioimpressos, os investigadores podem examinar processos biológicos básicos, incluindo o crescimento e a regeneração de tecidos.

Desafios da bioimpressão 3D

Complexidade dos tecidos e órgãos: Um dos principais desafios da bioimpressão 3D é captar toda a complexidade dos órgãos humanos, incluindo os seus numerosos tipos de células, redes circulatórias e integração funcional. *Vascularização:* A sobrevivência e o funcionamento correto dos tecidos bioimpressos dependem de um fornecimento de sangue suficiente. Os cientistas estão a trabalhar em formas de imprimir as redes vasculares nos seres vivos.

Aumentar a escala: Um dos maiores desafios é passar de pequenas amostras de tecido para órgãos totalmente funcionais prontos para transplante. Isto exige avanços na investigação da maturação dos tecidos, bem como nas tecnologias de bioimpressão.
Considerações regulamentares e éticas: A segurança, a eficácia e a utilização de células humanas são algumas das preocupações éticas e regulamentares que a criação de tecidos e órgãos bioimpressos suscita.

CAPÍTULO 5: DESAFIOS ÉTICOS, JURÍDICOS E REGULAMENTARES DAS TERAPIAS GENÉTICA E COM CÉLULAS ESTAMINAIS

A tecnologia terapêutica permite a utilização de uma terapia de indução da regeneração para doenças genéticas graves causadas pela supressão de genes, etc. A terapia genética visa geralmente as células estaminais do órgão afetado, o que significa que a terapia genética deve ser realizada em diferentes células estaminais do órgão para cada doença. Durante os últimos tempos, os progressos registados nas qualidades hereditárias humanas, na ciência celular e no tratamento de qualidade provocaram uma mudança fundamental nesta visão do mundo da cura. Os médicos dos novos mil anos não utilizarão apenas tratamentos para ajudar os doentes a viver melhor com as suas constituições hereditárias, mas utilizarão também novos tratamentos para ajustar a cosmética hereditária do doente. O tratamento de qualidade substancial e o transplante de microrganismos imaturos são duas das mais encorajadoras destas modalidades de tratamento originais.

1. CONSIDERAÇÕES REGULAMENTARES E ÉTICAS NA TERAPIA GENÉTICA E COM CÉLULAS ESTAMINAIS

Os princípios morais e éticos da profissão biomédica ultrapassam fronteiras e aderem aos mesmos conceitos fundamentais: respeito pela autonomia do doente, beneficência, não maleficência e justiça. Vários factores relacionados com a terapia genética têm suscitado preocupações entre cientistas, legisladores e o público em geral. Estes incluem o rápido progresso e acessibilidade da edição de genes, as incógnitas no que diz respeito às consequências a longo prazo, o perigo e o impacto de alterações genéticas não intencionais e não planeadas, bem como o abuso propositado e a utilização maliciosa da tecnologia de edição de genes.

Terapia com células estaminais

A principal questão ética é que a investigação em células estaminais embrionárias exige a destruição de embriões precoces. Por conseguinte, grande parte do debate em torno das células estaminais embrionárias humanas diz respeito a questões éticas e jurídicas relacionadas com a destruição de um embrião. Questões éticas e jurídicas como "Em que momento se considera que a vida começa?" e "Será justo destruir um embrião humano se este tem potencial para curar um número incontável de doentes e aprofundar a nossa compreensão das doenças?" estão no centro da controvérsia. Os líderes políticos debatem como regulamentar e financiar estudos de investigação que envolvam as técnicas utilizadas para remover as células do embrião. Não se chegou a um consenso claro. Muitas das críticas resultam de crenças religiosas, segundo as quais a vida humana é uma dádiva sagrada do nosso criador.

Potencial humano e humanidade

Este argumento é frequentemente acompanhado de uma argumentação e pode ser apresentado de várias formas:

- Os embriões não são equivalentes à vida humana enquanto ainda são incapazes de sobreviver fora do útero (ou seja, apenas têm potencial para a vida).
- Mais de um terço dos zigotos não se implantam após a conceção. Assim, há muito mais embriões perdidos por acaso do que os que são propostos para serem utilizados na investigação ou em tratamentos com células estaminais embrionárias.
- Os blastocistos são um aglomerado de células humanas que não se diferenciaram em tecidos de órgãos distintos, o que faz com que as células da massa celular interna não sejam mais "humanas" do que uma célula da pele. Alguns partidos defendem que os embriões não são pessoas humanas, acreditando que a vida do *Homo sapiens* só começa quando o batimento cardíaco se desenvolve, o que acontece durante a quinta semana de gravidez, ou quando o cérebro começa a desenvolver atividade, o que foi detectado 54 dias após a conceção.

Terapia genética

A terapia génica envolve a introdução de alterações nos blocos de construção básicos do corpo (ADN), o que suscita muitas preocupações éticas únicas. As questões éticas que envolvem a terapia genética e a edição do genoma incluem:

- Utilizações "boas" e "más" destas tecnologias
- Que caraterísticas são normais e quais constituem uma deficiência
- Será que os elevados custos da terapia genética a tornarão acessível ao público
- A utilização generalizada da terapia genética faz com que a sociedade a aceite ou não
- A terapia genética é utilizada para melhorar as caraterísticas humanas básicas

A investigação atual sobre o tratamento com terapia genética tem-se centrado nas células do corpo (somáticas), como a medula óssea ou as células sanguíneas. Este tipo de alteração genética não pode ser transmitido aos filhos de uma pessoa. No entanto, a terapia génica pode ser direcionada para as células dos óvulos e dos espermatozóides (células germinativas), o que permitiria que as alterações genéticas fossem transmitidas às gerações futuras. A ideia destas alterações da linha germinal é controversa. Embora possa evitar que as gerações futuras de uma família tenham uma determinada doença genética, pode afetar o desenvolvimento de um feto de forma inesperada ou ter efeitos secundários a longo prazo que ainda não são conhecidos.

A terapia genética envolve ética, porque os cientistas estão a fazer alterações nos genes, os blocos de construção do corpo humano. Atualmente, a terapia genética terapêutica está disponível para tratar doenças genéticas específicas através da edição de células em partes específicas do corpo. Por exemplo, a terapia génica pode tratar doenças hematopoiéticas. Existe também uma terapia genética controversa chamada "terapia genética germinal", na qual os genes de um espermatozoide ou óvulo podem ser editados para prevenir doenças genéticas na geração futura. Não se sabe como este tipo de terapia genética afecta o desenvolvimento humano a longo prazo. Nos Estados Unidos, o financiamento federal não pode ser utilizado para a investigação da terapia genética da linha germinal.

Os desafios éticos na terapia genética para doenças raras da infância sublinham a complexidade do início dos ensaios, da determinação dos níveis de dosagem e do envolvimento das famílias afectadas. Com mais de um terço das terapias genéticas a visar doenças raras, genéticas, de início pediátrico e limitadoras da vida, a seleção justa dos participantes e o envolvimento transparente com as comunidades de doentes tornam-se considerações éticas cruciais. Outra preocupação envolve a utilização de vectores derivados de vírus para a transferência de genes, o que levanta implicações de segurança e hereditárias. Além disso, o dilema ético na terapia genética explora os potenciais danos do melhoramento humano, particularmente no que respeita ao nascimento de indivíduos com deficiência.

4. CÉLULAS ESTAMINAIS PLURIPOTENTES

As células estaminais adultas têm limitações quanto à sua potência; ao contrário das células estaminais embrionárias (CTE), não são capazes de se diferenciar em células das três camadas germinativas. Como tal, são consideradas multipotentes.

No entanto, a reprogramação permite a criação de células pluripotentes, as células estaminais pluripotentes induzidas (iPSC), a partir de células adultas. Estas não são células estaminais adultas, mas sim células somáticas (por exemplo, células epiteliais) reprogramadas para dar origem a células com capacidades pluripotentes. Utilizando a reprogramação genética com factores de transcrição de proteínas, foram derivadas células estaminais pluripotentes com capacidades semelhantes às das CTE. A primeira demonstração de células estaminais pluripotentes induzidas foi realizada por Shinya Yamanaka e os seus colegas da Universidade de Quioto. Utilizaram os factores de transcrição Oct3/4, Sox2, c-Myc e Klf4 para reprogramar células de fibroblastos de rato em células pluripotentes. Trabalhos posteriores utilizaram estes factores para induzir a pluripotência em células de fibroblastos humanos. Junying Yu, James Thomson e os seus colegas da Universidade de Wisconsin-Madison utilizaram um conjunto diferente de factores, Oct4, Sox2, Nanog e Lin28, e realizaram as suas experiências utilizando células do prepúcio humano. No entanto, foram capazes de reproduzir a descoberta de Yamanaka de que era possível induzir a pluripotência em células humanas.

As células estaminais pluripotentes induzidas diferem das células estaminais embrionárias. Partilham muitas propriedades semelhantes, tais como a pluripotência e o potencial de diferenciação, a expressão de genes de pluripotência, os padrões epigenéticos, a formação de corpos embrióides e teratomas e a formação de quimeras viáveis, mas existem muitas diferenças entre estas propriedades. A cromatina das iPSCs parece ser mais "fechada" ou metilada do que a das ESCs. Do mesmo modo, o padrão de expressão génica entre CTE e CTPi, ou mesmo entre CTPi provenientes de origens diferentes. Por conseguinte, colocam-se questões sobre a "integralidade" da reprogramação e a memória somática das células estaminais pluripotentes induzidas. Apesar disso, a indução de células somáticas a pluripotentes parece ser viável.

Na sequência do êxito destas experiências, Ian Wilmut, que ajudou a criar o primeiro animal clonado, a ovelha Dolly, anunciou que vai abandonar a transferência nuclear de células somáticas como via de investigação.

As IPSCs ajudaram significativamente o domínio da medicina ao encontrarem inúmeras formas de curar doenças. Uma vez que as IPSCc humanas proporcionaram a vantagem de criar modelos *in vitro* para estudar toxinas e patogénese.

Além disso, as células estaminais pluripotentes induzidas oferecem várias vantagens terapêuticas. Tal como as CTE, são pluripotentes. Têm, portanto, um grande potencial de diferenciação; teoricamente, poderiam produzir qualquer célula do corpo humano (se a reprogramação para a pluripotência fosse "completa"). Além disso, ao contrário das CTE, poderiam potencialmente permitir aos médicos criar uma linha de células estaminais pluripotentes para cada doente. As amostras de sangue congelado podem ser utilizadas como uma fonte valiosa de células estaminais pluripotentes induzidas. As células estaminais específicas de cada doente permitem o despiste de efeitos secundários antes do tratamento medicamentoso, bem como a redução do risco de rejeição do transplante. Apesar da sua atual utilização terapêutica limitada, as células estaminais pluripotentes induzidas têm um grande potencial para utilização futura no tratamento médico e na investigação.

Terapia com células estaminais

A terapia com células estaminais é a utilização de células estaminais para tratar ou prevenir uma doença ou patologia. O transplante de medula óssea é uma forma de terapia com células estaminais que tem sido utilizada há muitos anos porque provou ser eficaz em ensaios clínicos. O implante de células estaminais pode ajudar a fortalecer o ventrículo esquerdo do coração, bem como a reter o tecido cardíaco em doentes que tenham sofrido ataques cardíacos no passado.

Há mais de 90 anos que o transplante de células estaminais hematopoiéticas (TCEH) é utilizado para tratar pessoas com doenças como a leucemia e o linfoma; esta é a única forma de terapia com células estaminais amplamente praticada. A partir de 2016, a única terapia estabelecida que utiliza células estaminais é o transplante de células estaminais hematopoiéticas. Este assume normalmente a forma de um transplante de medula óssea, mas as células também podem ser derivadas do sangue do cordão umbilical. Está em curso investigação para desenvolver várias fontes de células estaminais, bem como para aplicar tratamentos com células estaminais a doenças neurodegenerativas e a doenças como a diabetes e as doenças cardíacas.

Células estaminais modificadas

A modificação genética de células estaminais ou progenitoras humanas (por exemplo, MSCs e/ou EPCs) para a administração orientada de agentes terapêuticos ou genes específicos demonstrou ser um avanço muito significativo na medicina regenerativa, uma vez que pode melhorar a viabilidade, a capacidade proliferativa e as caraterísticas metabólicas destas células, que são sensíveis ao ambiente hipóxico e inflamatório do tecido isquémico. Por exemplo, as MSCs que sobre-expressam o gene anti-apoptótico *Akt1* (*Akt-MSCs*) demonstraram ser mais resistentes à apoptose *in vitro* e *in vivo* (91). Além disso, a eficácia das MSCs para utilização clínica pode ser optimizada através do pré-tratamento com fármacos, citocinas e factores de crescimento.

As MSC podem ser geneticamente modificadas por métodos virais e não virais. Os métodos físicos e químicos não virais de transferência de genes são capazes de fornecer transgenes maiores do que os métodos virais, mas a sua principal desvantagem é a baixa eficiência de transfecção e a expressão genética transitória. As MSC podem ser eficazmente transduzidas com vectores virais, como lentivírus, retrovírus, baculovírus e adenovírus, sem afetar as suas propriedades de células estaminais. Os vírus podem ser úteis como vectores de entrega após terem sido consideravelmente modificados para se tornarem incompetentes em termos de replicação, com efeitos citopáticos e imunogenicidade atenuados. Os vectores virais são particularmente interessantes porque permitem uma elevada eficiência de transdução e, dependendo do tipo de vírus utilizado, podem proporcionar uma expressão estável do transgene a longo prazo. A segurança da terapia baseada em células com a utilização de vectores virais é uma questão crucial que ainda não foi resolvida, mas os avanços na conceção dos vectores têm ajudado nesse sentido. Por exemplo, as MSCs geneticamente modificadas para expressar VEGF demonstraram aumentar os efeitos cardioprotectores das MSCs seguidos de efeitos de angiogénese para o tratamento do enfarte agudo do miocárdio, ao passo que as MSCs modificadas com o gene *Akt* ou com o gene *da* heme oxigenase-1 (*HO-1*) demonstraram melhorar drasticamente a função cardíaca isquémica e a viabilidade das MSCs e prevenir a remodelação ventricular e a apoptose dos cardiomiócitos e das células endoteliais, restaurando assim a função dos corações enfartados. Além disso, as MSC geneticamente modificadas com HGF ou VEGF melhoraram a lesão renal aguda, a inflamação e a apoptose.

Genes como o *KLK1* tecidular, que demonstraram inibir a inflamação, a apoptose, a fibrose e a formação de ROS, seriam uma escolha para a modificação genética de MSCs e/ou EPCs que se destinam a combater lesões de órgãos ou tecidos em doenças humanas. Com efeito, foi relatado que as MSC *modificadas com KLK1* (*KLK1-MSC*) desempenham um papel protetor nas doenças cardiovasculares, cerebrovasculares e renais, tanto *in vivo* como *in vitro*.

Beneficência nas terapias de edição genética

Com base no conceito de beneficência, o médico tem o dever de cuidar do doente, minimizando os riscos.

A beneficência tem vários níveis no que respeita às condições hereditárias:

- Tratamento para o doente;
- Tratamento ou prevenção para outros membros da família;
- Alívio ou retardamento de sintomas graves para os quais não existe cura

5. AVALIAÇÃO DA SEGURANÇA DAS CÉLULAS ESTAMINAIS HUMANAS

As células de base do corpo a partir das quais todas as outras células se desenvolvem são chamadas células estaminais. Devido a esta propriedade, as células estaminais podem ser utilizadas para fixar componentes do corpo que não poderiam ser fixados. As células estromais mesenquimais multipotentes (MMSCs) são o tipo de célula mais utilizado na terapia celular. Estas células encontram-se em todos os tecidos e órgãos, onde controlam o processo de regeneração. É simples isolar as MMSC a partir das numerosas fontes acessíveis do corpo humano. Estas são o coração, os músculos, o tecido adiposo, a medula óssea, o cordão umbilical e a mucosa oral, entre outros. A avaliação da segurança das células estaminais humanas, especialmente para aplicações terapêuticas, é um processo crítico que envolve várias etapas para garantir que os tratamentos com células estaminais são seguros e eficazes. Os principais aspectos envolvidos na avaliação da segurança das células estaminais humanas são :

1. **Fonte e tipo de células estaminais**
   - Células estaminais embrionárias (ESCs): Estas células, que derivam de embriões precoces, têm a capacidade de se diferenciar em qualquer tipo de célula, mas também levantam questões éticas e têm maior probabilidade de se desenvolverem em tumores (teratomas).
   - Células estaminais pluripotentes induzidas (iPSC): células adultas pluripotentes que foram submetidas a reprogramação. Devido ao processo de reprogramação, estas células podem apresentar defeitos genéticos e epigenéticos.
   - Células estaminais adultas (ASCs): Estas células podem ser encontradas em muitos tecidos diferentes e têm uma menor propensão para se diferenciarem em tumores malignos.

2. **Estabilidade dos genes**
   - Cariotipagem: Uma vez que podem ocorrer mutações genéticas durante a cultura de células, a monitorização de rotina das anomalias cromossómicas é crucial.
   - Sequenciação genómica: Este método encontra anomalias genéticas, tais como mutações, variações do número de cópias ou outras alterações que

podem causar cancro ou outras consequências negativas.

3. Tumorigenicidade

- Ensaios de formação de teratomas: Em animais imunodeficientes, as células implantadas são observadas para determinar a sua propensão para se tornarem tumores, em especial no caso das CTE e das CIPS.
- Testes de tumorigenicidade in vivo: Estes ensaios implicam a implantação de células estaminais em modelos animais para monitorizar o desenvolvimento de tumores ou a proliferação descontrolada.

4. Potencial de pureza e diferenciação

- Diferenciação dirigida: É fundamental garantir que as células estaminais se diferenciam no tipo de célula adequado. Podem surgir tipos de células indesejáveis como resultado de uma diferenciação incorrecta.
- Teste de pureza celular: Para garantir que a população de células estaminais é pura e não contém células indiferenciadas ou indevidamente diferenciadas, são utilizados métodos
de citometria de fluxo e imunocitoquímica.

5. Imunogenicidade

- Testes de reação imunológica: As células estaminais autólogas retiradas do próprio corpo do doente têm o potencial de, ocasionalmente, desencadear uma reação imunológica. Antes dos ensaios em seres humanos, este componente é examinado em modelos animais. - Correspondência HLA: Para reduzir o risco de doença do enxerto contra o hospedeiro (GVHD), a correspondência dos tipos de antigénio leucocitário humano (HLA) é crucial para os transplantes alogénicos de células estaminais.

6. Investigação em Toxicologia

A toxicologia pré-clínica é o estudo dos possíveis efeitos nocivos das células estaminais em vários órgãos e tecidos utilizando modelos animais.
- Estudos de biodistribuição: Analisam a migração de células estaminais pelo organismo e a sua vitalidade a longo prazo em diferentes tecidos.

7. Fases dos Ensaios Clínicos

Fase I: As avaliações de segurança, dose e efeitos secundários são realizadas numa população limitada de doentes durante os ensaios iniciais.
Fases II e III: Estudos exaustivos que avaliam a eficácia adicional do tratamento, registam quaisquer efeitos secundários e comparam-no com outros tratamentos disponíveis. **Monitorização a longo prazo:** São realizados estudos a longo prazo para controlar a segurança e a eficácia dos tratamentos com células

estaminais no público em geral, mesmo após a aprovação.

8. Considerações de carácter regulamentar e ético

- Supervisão ética: A investigação e a terapia com células estaminais incluem frequentemente questões éticas complexas, em especial no que diz respeito às CTE, exigindo a supervisão de um comité de ética.
- Aprovação regulamentar: Após uma avaliação minuciosa da segurança e eficácia, as terapias com células estaminais devem ser aprovadas por organizações como a FDA, EMA ou outros organismos nacionais.

9. Produção e inspeção

- Boas Práticas de Fabrico (BPF): Devem ser seguidas diretrizes rigorosas durante a produção de células estaminais, de modo a garantir a sua consistência, segurança e qualidade.
- Testes de lotes: Antes de ser utilizado em ambientes clínicos, cada lote de células estaminais é examinado quanto à estabilidade genética, contaminação e diferenciação adequada.

A avaliação da segurança das células estaminais humanas é um processo multifacetado que envolve testes rigorosos em várias fases. Este processo é fundamental para garantir que as terapias com células estaminais são seguras, eficazes e benéficas para os doentes. A monitorização contínua e os avanços tecnológicos são essenciais para melhorar as avaliações de segurança das terapias com células estaminais.

4. UTILIZAÇÃO DE CÉLULAS ESTAMINAIS GENETICAMENTE MODIFICADAS EM TERAPIAS GENÉTICAS EXPERIMENTAIS.

A investigação sobre células estaminais geneticamente modificadas, ou GMSCs, é um campo de ponta na biotecnologia e na medicina regenerativa. Trata-se de modificar a composição genética das células estaminais para melhorar as suas capacidades inatas ou acrescentar novas caraterísticas que podem ser úteis na cura de doenças ou na reparação de tecidos lesionados.

As células estaminais geneticamente modificadas estão na vanguarda das terapias genéticas experimentais, oferecendo potenciais curas para uma variedade de perturbações genéticas, cancros e outras doenças. Uma vez que as células estaminais podem desenvolver-se em numerosos tipos de células, são um veículo perfeito para a introdução de alterações genéticas. Os cientistas conseguem introduzir novos genes que podem combater processos de doença ou corrigir genes defeituosos, alterando a composição genética destas células.

Tipos de células estaminais utilizadas

1. **Células estaminais embrionárias (ESCs):**
   - Derivadas de embriões em fase inicial, as CTE podem diferenciar-se em qualquer tipo de célula do corpo (pluripotentes). O seu potencial para gerar uma vasta gama de tipos de células torna-as uma ferramenta poderosa na terapia genética.
2. **Células estaminais pluripotentes induzidas (iPSCs):**
   - As iPSC constituem uma alternativa ética e específica para cada doente às CTE, reduzindo o risco de rejeição imunitária quando utilizadas em terapias.

3. **Células estaminais adultas:**
    - o Encontradas em vários tecidos como a medula óssea e a pele, as células estaminais adultas são normalmente multipotentes, o que significa que podem diferenciar-se numa gama limitada de tipos de células. As células estaminais hematopoiéticas (HSCs), por exemplo, são utilizadas em terapias genéticas que visam doenças relacionadas com o sangue.

Métodos de modificação genética

6. **Vectores virais:**
    a. Os retrovírus, lentivírus e adenovírus são normalmente utilizados para introduzir material genético nas células estaminais. Estes vírus podem inserir os genes desejados no genoma do hospedeiro, permitindo uma expressão estável e a longo prazo.
7. **CRISPR-Cas9:**
    a. Esta ferramenta de edição de genes permite modificações precisas através do corte do ADN em locais específicos, permitindo a inserção, eliminação ou correção de genes. O CRISPR-Cas9 é altamente versátil e revolucionou o campo da engenharia genética.
8. **Transposões:**
    a. Trata-se de sequências de ADN que podem mudar de posição no genoma. Os transposões podem ser concebidos para transportar genes terapêuticos e inseri-los em locais específicos do genoma.

Aplicações em terapias experimentais

Medicina regenerativa:

Em situações como lesões da espinal medula, doenças cardíacas ou doenças neurodegenerativas, as GMSCs podem ser utilizadas para substituir ou reparar tecidos danificados (as células estaminais concebidas para sobre-expressar factores de crescimento específicos podem facilitar a cicatrização dos tecidos de forma mais eficaz.

Modelação de doenças:

Os investigadores podem investigar o aparecimento de doenças num ambiente controlado, o que é útil para testar medicamentos, gerando células estaminais com determinadas alterações genéticas.

Terapia do cancro:

É possível modificar as GMSCs de modo a que estas se orientem e eliminem mais eficazmente as células cancerígenas. Podem ser alteradas para exprimir substâncias químicas que estimulem o sistema imunitário ou para atacar com maior precisão os tumores malignos.

Terapia génica:

Ao modificar as células estaminais, as falhas genéticas das doenças hereditárias podem ser corrigidas, levando possivelmente a uma recuperação permanente.

Doenças genéticas:

Talassemia e doença falciforme: Estas doenças podem ser tratadas através da transformação de HSCs para gerar hemoglobina normal.

Fibrose cística: A tecnologia CRISPR-Cas9 pode ser utilizada para modificar as células de células pulmonares de pacientes, permitindo-lhes desenvolver-se em células pulmonares que podem ser transplantadas.

Perturbações neurológicas:

Doença de Parkinson: Os neurónios produtores de dopamina podem ser produzidos a partir de iPSCs através de modificação genética, e os doentes podem receber estes neurónios como um transplante para ajudar a aliviar os sintomas.
Esclerose Lateral Amiotrófica (ELA): As mutações associadas à ELA podem ser corrigidas através da edição de genes em iPSCs produzidas a partir de doentes.

Dificuldades e questões éticas 1
. Preocupações com a segurança: O cancro e outras consequências imprevistas podem resultar da mutagénese insercional, um processo em que a inserção de um gene perturba outros genes significativos. Existe uma possibilidade considerável de que as consequências da edição CRISPR-Cas9 fora do alvo possam resultar em alterações genéticas indesejadas.

2. Preocupações éticas: Uma vez que a utilização de CTE resulta na morte de embriões, há questões éticas a considerar. A possibilidade de "bebés de design" no caso de a edição genética de células germinativas proliferar, criando dilemas morais e sociais.

3. Desafios regulamentares: São necessários testes clínicos e supervisão exaustivos para garantir a segurança e a eficácia das terapias com células estaminais geneticamente modificadas. O ambiente regulamentar que rodeia estes tratamentos ainda está a desenvolver-se, com vários países a adoptarem abordagens diferentes.

5. DESAFIOS TECNOLÓGICOS PARA O DESENVOLVIMENTO DE TERAPIAS DE SUBSTITUIÇÃO CELULAR BASEADAS EM CÉLULAS ESTAMINAIS PLURIPOTENTES:

O desenvolvimento de terapias de substituição celular baseadas em células estaminais pluripotentes é muito promissor para a medicina regenerativa, mas é acompanhado de vários desafios tecnológicos significativos. Estes desafios abrangem várias fases do processo, desde a geração de células estaminais pluripotentes até à sua diferenciação, segurança e aplicação clínica. Apresentamos de seguida alguns dos principais desafios tecnológicos:

1. Geração e preservação de células estaminais pluripotentes

Eficiência da reprogramação: As células somáticas são reprogramadas para se tornarem células estaminais pluripotentes induzidas (iPSC), mas este processo não é muito eficiente e pode resultar em defeitos genéticos. *Estabilidade e consistência:* Pode ser difícil manter as células estaminais pluripotentes e os seus genomas estáveis após longos períodos de cultivo. As tendências de diferenciação e as alterações genéticas podem resultar de condições de cultura que são variáveis.

2. Classificação das células-alvo por mecanismo de sinalização

Gestão do carácter distintivo: É difícil orientar com precisão as células estaminais pluripotentes para que se desenvolvam no tipo de célula adequado. É necessária uma compreensão exaustiva das cascatas de sinalização e dos elementos microambientais que contribuem para a diferenciação.

Escalabilidade: Produzir grandes quantidades de células diferenciadas puras e funcionalmente maduras sem contaminação de células indiferenciadas é um desafio. Para aplicações clínicas, são essenciais procedimentos escaláveis.

3. Estabilidade dos genes e epigenética

Mutações e anormalidades epigenéticas: A reprogramação e a cultura prolongada podem induzir mutações genéticas e modificações epigenéticas que comprometem a eficiência e a segurança das células geradas.

Controlo de qualidade: O desenvolvimento de técnicas fiáveis para a monitorização e o controlo da qualidade da integridade genética e epigenética das células estaminais e dos seus derivados constitui um desafio permanente.

4. Transporte e assimilação no tecido hospedeiro

Entrega direcionada: É um processo muito difícil garantir que as células diferenciadas cheguem ao local exato da lesão ou doença e se integrem bem no tecido hospedeiro. *Integração funcional:* Para além de sobreviverem, as células transplantadas têm de interagir com o tecido hospedeiro de uma forma que faça sentido, estabelecendo ligações e cooperando com as células nativas.

5. Dificuldades éticas e jurídicas

Considerações morais: A utilização de células estaminais, em particular as derivadas de embriões humanos, levanta questões morais que são variadas em termos de cultura e de direito. *Barreiras regulamentares:* O caminho do laboratório para a cabeceira da cama está repleto de desafios regulamentares, incluindo testes rigorosos de eficácia, segurança e conformidade de fabrico. Apesar das mudanças, o panorama regulamentar continua a ser complexo.

6. Preço e disponibilidade

Custos elevados: O elevado custo do desenvolvimento, teste e fornecimento de medicamentos derivados de células estaminais pluripotentes limita a sua disponibilidade.

Normalização: O desenvolvimento de protocolos normalizados aplicáveis internacionalmente que forneçam resultados fiáveis e reprodutíveis é uma das tarefas mais difíceis em ambientes laboratoriais e clínicos.

7. Preocupações com a segurança

- A capacidade das iPSC de se transformarem em tumores malignos é o principal problema da sua possível utilização clínica. As iPSC transformam-se facilmente em teratomas quando implantadas em ratinhos imunodeficientes, tal como acontece com as CTE. A FDA considera que a produção de teratomas constitui um obstáculo significativo à terapia regenerativa baseada em células estaminais.

- Mais recentemente, a investigação sobre a recuperação da função motora após lesões da espinal medula em ratos, utilizando células estaminais pluripotentes induzidas pelo homem, revelou que as células da espinal medula dos ratos se diferenciaram em três linhagens neurais. As células criaram ligações, preservaram a mielinização e incentivaram a regeneração da medula espinal lesionada.

- Todos os genes que demonstraram promover a formação de iPSCs também foram relacionados com o cancro de uma forma ou de outra; alguns dos genes são oncogenes conhecidos, como os que pertencem à família Myc; no entanto, uma vez que as iPSCs só podem atualmente ser produzidas com elevada eficiência utilizando modificações, prevê-se geralmente que sejam menos seguras e mais tumorigénicas do que as hESC.

- As proteínas recombinantes demonstraram ser um meio não genético de criar iPSCs, mas esta abordagem não foi muito eficaz. No entanto, poderão ser produzidas iPSCs mais seguras se esta abordagem for melhorada de modo a ser mais eficiente. As técnicas retrovirais são frequentemente consideradas mais arriscadas do que outras estratégias, como a utilização de plasmídeos ou adenovírus.

- A avaliação direta da tumorigenicidade das iPSCs utilizando técnicas semelhantes às utilizadas em terapias de medicina regenerativa é um tópico crucial para a investigação futura no domínio das iPSCs. Estas investigações são essenciais, uma vez que os ratinhos derivados de iPSC têm uma elevada taxa de mortalidade por tumores malignos, para além da formação de teratomas.

REFERÊNCIAS

Acharya PV (1971). "O isolamento e a caraterização parcial de oligo-desoxirribo-ribonucleótidos relacionados com a idade com polipeptídeos aspartil-glutamil ligados covalentemente". Jornal médico Johns Hopkins. Suplemento (1): 254-60.

Agrotis A, Ketteler R (2015-09-24). "Uma nova era na genômica funcional usando CRISPR / Cas9 na triagem de biblioteca em array". Fronteiras em Genética. 6: 300.

Arnould S, Chames P, Perez C, Lacroix E, Duclert A, Epinat JC, et al. (janeiro de 2006). "Engenharia de um grande número de endonucleases de homing altamente específicas que induzem a recombinação em novos alvos de ADN". Journal of Molecular Biology. 355 (3): 443-58.

Ashworth J, Taylor GK, Havranek JJ, Quadri SA, Stoddard BL, Baker D (setembro de 2010). "Reprogramação computacional da especificidade da endonuclease homing em vários pares de bases adjacentes". Nucleic Acids Research. 38 (16): 5601-8.

"Argumentos para a investigação de células estaminais". Spinneypress. 2006. Arquivado do original em 2008-02-01. Recuperado em 2007-12-26.

Baker M (janeiro de 2012). "Nucleases de edição de genes". Métodos da Natureza. 9 (1): 23-6.

Berg M, Tymoczko J, Stryer L (2012). Bioquímica 7ª edição. New York: W.H. Freeman and Company. p. 840. ISBN 978-1-4292-2936-4.

Bjorksten J, Acharya PV, Ashman S, Wetlaufer DB (julho de 1971). "Frações gerogênicas no rato tritiado". Jornal da Sociedade Americana de Geriatria. 19 (7): 561-74.

Chen L, Park JE, Paa P, Rajakumar PD, Prekop HT, Chew YT, et al. (março de 2021). "Edição programável do genoma C: G a G: C com proteínas de reparo por excisão de base dirigidas por CRISPR-Cas9". Comunicações da natureza. 12 (1): 1384.

Chevalier BS, Kortemme T, Chadsey MS, Baker D, Monnat RJ, Stoddard BL (outubro de 2002). "Conceção, atividade e estrutura de uma endonuclease artificial altamente específica". Molecular Cell. 10 (4): 895-905.

Coppari, R. & Bjørbæk, C. Leptin revisited: its mechanism of action and potential for treating diabetes. Nat. Rev. Drug Disco. 11, 692-708 (2012).

David L, Polo JM (maio de 2014). "Fases da reprogramação". Investigação em células estaminais. 12 (3): 754-761.

Dow LE, Fisher J, O'Rourke KP, Muley A, Kastenhuber ER, Livshits G, et al. (abril de 2015). "Edição do genoma in vivo induzível com CRISPR-Cas9". Natureza Biotecnologia. 33 (4): 390-394.

Downing TL, Soto J, Morez C, Houssin T, Fritz A, Yuan F, et al. (dezembro de 2013). "Regulação biofísica do estado epigenético e reprogramação celular". Materiais da Natureza. 12 (12): 1154-1162.

Ermak G (2015). Tecnologias médicas emergentes. World Scientific. ISBN 978-981-4675-81-9.

Gasiunas G, Barrangou R, Horvath P, Siksnys V (setembro de 2012). "O complexo de ribonucleoproteína Cas9-crRNA medeia a clivagem específica de DNA para imunidade adaptativa em bactérias". Actas da Academia Nacional de Ciências dos Estados Unidos da América. 109 (39): E2579-E2586.

Gaudelli NM, Komor AC, Rees HA, Packer MS, Badran AH, Bryson DI, Liu DR (novembro de 2017). "Edição de base programável de A-T para G-C em DNA genômico sem clivagem de DNA". Natureza. 551 (7681): 464-471.

Giesbertz, P. et al. Metabolite profiling in plasma and tissues of ob/ob and db/db mice identifies novel markers of obesity and type 2 diabetes. Diabetologia 58, 2133-2143 (2015).

Gorell E, Nguyen N, Lane A, Siprashvili Z (abril de 2014). "Terapia genética para doenças de pele". Perspectivas de Cold Spring Harbor em Medicina. 4 (4): a015149.

"Base de dados mundial de ensaios clínicos de terapia genética". O Jornal de Medicina Genética. Wiley. junho de 2016. Arquivado do original em 31 de julho de 2020.

Hiranniramol K, Chen Y, Liu W, Wang X (maio de 2020). "Design de sgRNA generalizável para maior eficiência de edição CRISPR / Cas9". Bioinformática. 36 (9): 2684-2689.

Ishikawa, K. Cardiac Gene Therapy Methods and Protocols (1.ª ed. 2017, Methods in Molecular Biology. 1521). Nova Iorque, NY: Springer New York: Impresso: Humana.

Kaji EH, Leiden JM (fevereiro de 2001). "Terapias com genes e células estaminais". JAMA. 285 (5): 545-550.

Kim YG, Cha J, Chandrasegaran S (fevereiro de 1996). "Enzimas de restrição híbridas: fusões de dedos de zinco com o domínio de clivagem Fok I". Actas da Academia Nacional das Ciências dos Estados Unidos da América. 93 (3): 1156-60.

Komor AC, Kim YB, Packer MS, Zuris JA, Liu DR (maio de 2016). "Edição programável de uma base alvo no DNA genômico sem clivagem de DNA de fita dupla". Natureza. 533 (7603): 420-424.

Kurata M, Yamamoto K, Moriarity BS, Kitagawa M, Largaespada DA (fevereiro de 2018). "Triagem de biblioteca CRISPR / Cas9 para descoberta de alvos de drogas". Jornal de Genética Humana. 63 (2): 179-186.

Liang L, Deng L, Chen Y, Li GC, Shao C, Tischfield JA (setembro de 2005). "Modulação da ligação final do ADN por proteínas nucleares". The Journal of Biological Chemistry. 280 (36): 31442-49.

Lunzen, J. V. et al. Transferência de células T autólogas modificadas por genes em doentes infectados pelo VIH com imunodeficiência avançada e vírus resistente a medicamentos. Mol. Ther. 15, 1024-1033 (2007).

Ma X, Chen X, Jin Y, Ge W, Wang W, Kong L, et al. (abril de 2018). "Pequenas moléculas promovem a edição do genoma mediada por CRISPR-Cpf1 em células-tronco pluripotentes humanas". Natureza das Comunicações. 9 (1): 1303.

Maruyama T, Dougan SK, Truttmann MC, Bilate AM, Ingram JR, Ploegh HL (maio de 2015). "Aumentando a eficiência da edição precisa do genoma com CRISPR-Cas9 pela inibição da junção de extremidades não homólogas". Natureza Biotecnologia. 33 (5): 538-542.

Nishida K, Arazoe T, Yachie N, Banno S, Kakimoto M, Tabata M, et al. (setembro de 2016). "Edição de nucleotídeos direcionada usando sistemas imunológicos adaptativos procarióticos e vertebrados híbridos". Ciência. 353 (6305): aaf8729.

Nóbrega C, Mendonça L, Matos CA (2020). Manual de terapia génica e celular. Cham: Springer. ISBN 978-3-030-41333-0. OCLC 1163431307.
O'Rahilly, S. Human genetics illuminates the paths to metabolic disease (A genética humana ilumina os caminhos da doença metabólica). Nature 462, 307-314 (2009).

Origa, R. Beta-talassemia. Genet Med 19, 609-619 (2017).

Pires CF, Rosa FF, Kurochkin I, Pereira CF (2019-12-11). "Compreendendo e modulando a imunidade com reprogramação celular". Fronteiras em Imunologia. 10: 2809.

Reardon JT, Sancar A (2006). "Purificação e caraterização de sistemas enzimáticos de reparação por excisão de nucleótidos de Escherichia coli e humanos". Reparação do ADN, Parte A. Métodos em Enzimologia. Vol. 408. pp. 189-213.

Rebar EJ, Huang Y, Hickey R, Nath AK, Meoli D, Nath S, et al. (dezembro de 2002). "Indução de angiogénese num modelo de rato utilizando factores de transcrição modificados". Nature Medicine. 8 (12): 1427-32.

Redondo P, Prieto J, Muñoz IG, Alibés A, Stricher F, Serrano L, et al. (novembro de 2008). "Base molecular do reconhecimento do DNA do grupo C do xeroderma pigmentosum por meganucleases projetadas". Nature. 456 (7218): 107-11.

Pesquisa, Centro de Avaliação de Produtos Biológicos e (9 de dezembro de 2020). "O que é terapia genética?". FDA.

Rosenberg SA, Aebersold P, Cornetta K, Kasid A, Morgan RA, Moen R, et al. (agosto de 1990). "Transferência de genes para humanos - imunoterapia de pacientes com melanoma avançado, usando linfócitos infiltrantes de tumor modificados por transdução de genes retrovirais". The New England Journal of Medicine. 323 (9): 570-578.

Russell P (2018). i Genetics. Chennai: Pearson. p. 186. ISBN 978-93-325-7162-4.

Satomura A, Nishioka R, Mori H, Sato K, Kuroda K, Ueda M (maio de 2017). "Edição precisa de bases em todo o genoma pelo sistema CRISPR Nickase em levedura". Relatórios Científicos. 7 (1): 2095.

Saygin D, Tabib T, Bittar HE, Valenzi E, Sembrat J, Chan SY, et al. (2007-12-06). "Perfil transcricional de populações de células pulmonares na hipertensão arterial pulmonar idiopática". Circulação Pulmonar. 10 (1).

Schimmel J, Muñoz-Subirana N, Kool H, van Schendel R, van der Vlies S, Kamp JA, et al. (fevereiro de 2023). "Modulando os resultados mutacionais e melhorando a edição precisa do gene nas quebras induzidas por CRISPR-Cas9 por inibição química das vias de junção final". Relatórios de células. 42 (2): 112019

Seligman LM, Chisholm KM, Chevalier BS, Chadsey MS, Edwards ST, Savage JH, Veillet AL (setembro de 2002). "Mutações que alteram a especificidade de clivagem de uma endonuclease de retorno". Nucleic Acids Research. 30 (17): 3870-9.

Serguera, C.; Bemelmans, A.-P. (2014). "Terapia gênica do sistema nervoso central: Considerações gerais sobre vectores virais para transferência de genes para o cérebro". Revue Neurologique. 170 (12): 727-738.

Singer, Peter. Rethinking life & death: the collapse of our traditional ethics, p. 104 (St. Martins Press 1996). Recuperado em 2007-03-04.

Smith J, Grizot S, Arnould S, Duclert A, Epinat JC, Chames P, et al. (2006). "Uma abordagem combinatória para criar endonucleases homing artificiais que clivam sequências escolhidas". Nucleic Acids Research. 34 (22): e149.

Stoddard BL (fevereiro de 2005). "Estrutura e função da endonuclease de ligação". Revisões Trimestrais de Biofísica. 38 (1): 49-95.

"Segurança e viabilidade do transplante de células sanguíneas do cordão umbilical na medula espinhal lesada". clinicaltrials.gov. 27 de janeiro de 2014.

Takahashi K, Tanabe K, Ohnuki M, Narita M, Ichisaka T, Tomoda K, Yamanaka S (novembro de 2007). "Indução de células estaminais pluripotentes a partir de fibroblastos humanos adultos por factores definidos". Cell. 131 (5): 861-872.

Thomas CE, Ehrhardt A, Kay MA. Progress and problems with the use of viral vectors for gene therapy (Progressos e problemas com a utilização de vectores virais para terapia genética). Nat Rev Genet. 2003;4(5):346-358.

Tomizawa, M.; et al. (2013). Sonoporação: Transferência de genes usando ultrassom. World J Methodol. 3(4): 39-44.

Urnov FD, Rebar EJ, Holmes MC, Zhang HS, Gregory PD (setembro de 2010). "Edição de genoma com nucleases de dedo de zinco projetadas". Nature Reviews. Genética. 11 (9): 636-46.

Voit, R. A., McMahon, M. A., Sawyer, S. L. & Porteus, M. H. Generation of an HIV resistant T-cell line by targeted "stacking" of restriction factors. Mol. Ther. 21, 786-795 (2013).

Volkert MR (1988). "Resposta adaptativa de Escherichia coli a danos por alquilação". Mutagénese Ambiental e Molecular. 11 (2): 241-55.

Wallace, E. et al. Síndrome do QT longo: genética e perspetiva futura. Pediatr Cardiol. 40, 1419-1430 (2019).

Watson JD, Baker TA, Bell SP, Gann A, Levine M, Losick R (2004). Molecular Biology of the Gene (5ª ed.). Pearson Benjamin Cummings; CSHL Press. Cap. 9, 10.

Willey J, Sherwood L, Woolverton C (2014). Microbiologia de Prescott. Nova Iorque: McGraw Hill. p. 381. ISBN 978-0-07-340240-6.

Yu C, Liu Y, Ma T, Liu K, Xu S, Zhang Y, et al. (fevereiro de 2015). "Pequenas moléculas aumentam a edição do genoma CRISPR em células-tronco pluripotentes". Célula-tronco celular. 16 (2): 142-147.

Zimmer C (16 de setembro de 2013). "DNA Double Take". The New York Times. Arquivado do original em 2 de janeiro de 2022.

MIX
Papier aus verantwortungsvollen Quellen
Paper from responsible sources
FSC® C105338

Printed by Books on Demand GmbH, Norderstedt / Germany